全国职业培训推荐教材
人力资源和社会保障部教材办公室评审通过
适合于职业技能短期培训使用

U0814389

# 装饰装修油工

孙建平　主　编
韦双颖　副主编

中国劳动社会保障出版社

图书在版编目(CIP)数据

装饰装修油工/孙建平主编. —北京：中国劳动社会保障出版社，2008

职业技能短期培训教材

ISBN 978-7-5045-7386-5

Ⅰ.装…　Ⅱ.孙…　Ⅲ.建筑装饰-涂漆-技术培训-教材　Ⅳ.TU767

中国版本图书馆 CIP 数据核字(2008)第 171665 号

中国劳动社会保障出版社出版发行

(北京市惠新东街 1 号　邮政编码：100029)

出 版 人：张梦欣

*

三河市华骏印务包装有限公司印刷装订　新华书店经销

850 毫米×1168 毫米　32 开本　5.75 印张　142 千字

2009 年 1 月第 1 版　2019 年 8 月第 3 次印刷

**定价：10.00 元**

读者服务部电话：(010) 64929211/84209101/64921644

营销中心电话：(010) 64962347

出版社网址：http://www.class.com.cn

# 前言

职业技能培训是提高劳动者知识与技能水平、增强劳动者就业能力的有效措施。职业技能短期培训，能够在短期内，使受培训者掌握一门技能，达到上岗要求，顺利实现就业。

为了适应开展职业技能短期培训的需要，促进短期培训向规范化发展，提高培训质量，中国劳动社会保障出版社组织编写了职业技能短期培训系列教材，涉及二产和三产百余种职业（工种）。在组织编写教材的过程中，以相应职业（工种）的国家职业标准和岗位要求为依据，并力求使教材具有以下特点：

短。教材适合 15～30 天的短期培训，在较短的时间内，让受培训者掌握一种技能，从而实现就业。

薄。教材厚度薄，字数一般在 10 万字左右。教材中只讲述必要的知识和技能，不详细介绍有关的理论，避免多而全，强调有用和实用，从而将最有效的技能传授给受培训者。

易。内容通俗，图文并茂，容易学习和掌握。教材以技能操作和技能培养为主线，用图文相结合的方式，通过实例，一步步地介绍各项操作技能，便于学习、理解和对照操作。

这套教材适合于各级各类职业学校、职业培训机构在开展职业技能短期培训时使用。欢迎职业学校、培训机构和读者对教材中存在的不足之处提出宝贵意见和建议。

人力资源和社会保障部教材办公室

# 简介

本书是职业技能短期培训系列教材之一，主要内容包括七个单元，内容涵盖了装饰装修油工所需要掌握的基本知识和操作技能，具体包括装饰装修涂料、涂饰工具及涂装方法、油漆施工要求、木构件涂饰、墙面涂饰、金属面涂饰与天然漆涂饰、涂料和涂膜的缺陷与安全知识。

本书由孙建平任主编，韦双颖任副主编。第一单元、第二单元、第三单元由韦双颖编写，第四单元由孙建平编写，第五单元、第六单元和第七单元由王砥编写，朱毅主审。

本教材适合于各级各类职业学校、职业培训机构在开展职业技能短期培训时使用，也可供建筑施工、家庭装修等技术和管理人员参考。

# 目录

# 第一单元 装饰装修涂料

**学习要点**

• 了解家庭装饰装修中涂料的分类，以及各种涂料的特性及使用方法。

• 了解材质的分类以及根据不同的材质合理选用涂料。

环顾一下周围环境，涂料的应用无处不在，如室内的墙壁、地板，各种工艺品等。在家庭装修中，涂料的使用不仅美化了环境，还具有某些功能作用。如延长制品的使用寿命，赋予被涂物以光亮、艳丽、典雅等不同风格，令人赏心悦目的同时又装点了生活。

涂装是家居装饰装修中最后的环节，低档劣质的涂料光泽不均，易发黄变脆、龟裂剥落，不但起不到美化、保护板材的作用，而且破坏整体的装饰装修效果。高质量的涂料可以弥补前期装饰装修的缺陷，提高整体装饰装修的品位和档次。

随着科技的发展，涂料的施工已不再仅仅以一种技艺的形式相传，不再仅凭经验与感觉使用。因此，学习涂料的基本知识，掌握各种装饰装修常用涂料的品种、特性及使用方法非常重要。

## 模块一 涂料的品种、特性及使用方法

涂料是一个统称，包含了数百个品种。由于早期的涂料是由

植物油或天然树脂漆（如桐油、大漆等）调配而成的，所以常把涂料称做油漆。现在，合成树脂已大部分或全部取代了天然植物油或漆，因此统称为涂料。但在具体的涂料品种名称中，有时还沿用“漆”字表示涂料，如调和漆、磁漆等。

## 一、木器涂料

木器涂料是指用于木制品涂饰的涂料，包括家具、地板、门套框、木制楼梯及护栏、墙壁板等。下面介绍主要的木器漆种。

1. 油性漆

（1）油性漆概述。油性漆是指涂料组成中含大量植物油的漆。油性漆中醇酸漆应用最多，性能也较好，是普通家具以及装饰装修用漆应用较多的漆种之一。但在现代的中高档家具及木制品中已很少应用油性漆。值得一提的是，目前在北欧有一种效果独特的木材涂饰方法，即“油饰”，使用的油性漆黏度低，擦涂后漆液渗入木材管孔内部，漆膜很薄，保留和显现了木材的特有质感，所涂饰的实木家具外观效果极好。

（2）油性漆的主要品种

1）油脂漆。单独用油（主要指植物油）做成膜物质的漆。

①清油。清油也称熟油，多数情况下用于调配腻子和油性填孔着色剂等。

②油性调和漆。油性调和漆性能质量较差，一般用于涂饰质量要求不高的木器表面。

2）酚醛漆。酚醛漆的优点是干燥快，漆膜光亮坚硬、耐水性及耐化学腐蚀性好；缺点是容易变黄，不宜制成浅色漆，耐候性不好。酚醛漆主要用于防腐涂料、绝缘涂料、金属涂料、装饰性涂料等方面。

3）醇酸漆。这是目前国内生产量最大的一类涂料，广泛用于一般木器、家具及家庭装饰装修的涂饰。具有价格便宜、施工简单、对施工环境要求不高、涂膜丰满坚硬、耐久性和耐候性较好、装饰性和保护性比较好等优点；缺点是干燥较慢、涂膜不易达到较高的要求。因此不适于高装饰性的场合。

醇酸漆中含有一定量的植物油，干燥速度较慢，一般表干要4～6 h，实干要15～18 h，适合于手工刷涂或喷涂。醇酸漆一般在常温下可自干，也可以经60～90℃烘烤干燥。在加热烘烤前，湿涂层应放置15～30 min，使涂层流平，溶剂蒸发，然后再烘干。对浅色装饰，应在较低的温度下烘烤，以防漆膜变黄；深色装饰可在稍高的温度下干燥。

醇酸漆在施工中常用醇酸稀料来调节黏度。

（3）油性漆的用途。油性漆多用于低档产品以及要求不高的场所或产品的涂饰。如老式建筑门窗、户外家具、车船等。此类漆价格比较便宜，所以涂饰成本低。

（4）油性漆漆膜的特点

1）此类漆的干燥成膜速度较慢，常温条件下涂刷一遍，表干也需要几个小时，实干则需要十几或二十几个小时。

2）柔软性好但硬度低。

3）其综合性能比目前应用最多的聚氨酯漆差。

2. 天然树脂漆

天然树脂漆是指用天然树脂做成膜物质的一类漆。天然树脂漆的品种很多，但木器行业用得最多的是虫胶漆，其次是油基漆、大漆。

（1）虫胶漆。虫胶漆是指将虫胶片溶解在酒精里形成的一种漆，属挥发性醇溶性漆。虫胶漆干燥快，能形成持久、坚硬和富有弹性的漆膜，常用于打底、着色、木材封闭、调制腻子。虫胶漆是20世纪80年代以前应用较广泛的漆种之一，现今很少应用。虫胶漆与大多数涂料不同，主要是由用漆者在生产现场调制，是木器涂料中组成最简单的一种。

1）虫胶漆的特点。虫胶漆的优点：干燥快，每涂一遍，表干约需几分钟至几十分钟，实干仅需几十分钟至几小时。虫胶漆可用作大多数漆的底漆，但不能用作聚氨酯漆的底漆。缺点：虫胶漆膜耐热性、耐候性及耐水性差。在施工时，如遇天气潮湿，则涂层易出现吸潮发白以及漆膜脱落现象。

2）虫胶漆的配制。虫胶漆可配制成不含颜料的透明清漆、含颜料的不透明色漆、含染料的着色清漆以及含颜料和染料的半透明的拼色剂（酒色）。配制虫胶清漆时，将虫胶放入酒精中溶解，溶解过程中要不断搅拌，防止虫胶沉积容器底部；坚持常温溶解，不宜加热，否则容易引起胶凝变质；一般不将酒精倒入虫胶中，避免表层的虫胶被酒精溶解粘连结块，影响溶解速度。在虫胶漆中加入不同颜料可配制各色虫胶磁漆。

虫胶溶液遇铁能发生化学反应而使溶液颜色变深，因此应防止虫胶溶液与铁器接触。

3）虫胶漆的应用。由于虫胶不溶于松节油，因此，虫胶漆膜能阻止针叶材的树脂渗出，起到封闭木材的作用。当用油溶性染料为木材着色时，其色层易被随后涂饰的油性漆溶解，如用虫胶漆封罩色层，再涂油性漆，则能阻止油溶性染料被油性漆溶解，起到保护色层、固定色层、隔离涂层的作用。放入碱性染料的着色虫胶清漆，在打底的同时可以进行涂层染色，起到加强木材着色效果的作用。放入染料与颜料的虫胶漆常用作拼色剂，使涂层表面色调均匀。

（2）大漆。大漆是天然漆的一种，也是我国的特产漆种，又称国漆、土漆等。大漆是最古老的天然涂料，我国应用大漆已有数千年的历史。大漆具有很高的耐化学腐蚀性能，被广泛用于建筑、木家具、乐器、手工艺品的涂饰。目前主要用于“漆器”，家具涂饰中很少采用。

大漆是漆树的一种生理分泌物，按照制造过程不同，将其分为生漆和熟漆。熟漆比生漆光泽好，但漆膜性能不如生漆，适用于涂刷门窗、地板、家具等；生漆可用作嵌补材料，也可用作底漆。

大漆的漆膜坚硬并富有光泽，而且有突出的耐久、耐磨、耐液、耐土壤腐蚀、绝缘、耐热等优良性能，对木材有很好的附着力。大漆的缺点是毒性大，易引起过敏性皮炎；对干燥条件要求苛刻，漆膜要在潮湿的环境中才能较好地干燥；黏度高、漆膜脆，对强碱、强氧化剂防护性差；施工操作烦琐。另外，天然大漆与空气接触后颜色逐渐变深，不适合用于透露木纹的透明涂饰和浅色、本色涂饰。

（3）油基漆。油基漆是指用改性松香和植物油制成膜物质的漆。油基天然树脂漆兼有油类漆膜柔韧耐久、树脂漆膜坚硬光亮的特点，其干燥速度、漆膜光泽、硬度、耐水性、耐化学药品性等方面均比油脂漆有所提高。

市场上常见的有下列两种油基天然树脂漆。T01-1 酯胶清漆：漆膜光亮，耐水性较好，过去常用于涂饰门窗等；T80-1 钙脂地板漆：漆膜光亮耐磨，有一定的耐水性，过去常用于涂刷木质地板、楼梯、扶栏等。

3. 硝基（NC）漆

硝基漆主要用于家庭装修、一般装饰涂饰、金属涂饰、一般水泥构件涂饰等，也是目前比较常见的木器及装修用涂料。硝基漆又称硝酸纤维素漆，俗称喷漆，缩写为 NC。硝基漆是一种挥发型漆，种类有硝基清漆、硝基磁漆、硝基底漆、硝基腻子等。

硝基漆是国内外木器涂饰长期使用的少数几类涂料之一。在 20 世纪 80 年代之前，它是我国木器漆中的首用品种，此后，它让位给了综合性能更优异的聚氨酯漆和聚酯漆。但是，硝基漆并未被淘汰，美国、欧洲等国家对硝基漆的显孔亚光涂饰的特有涂饰效果情有独钟。虽然硝基漆的综合性能不及聚氨酯漆、聚酯漆等，但其独特的性能是聚氨酯漆、聚酯漆等所不及的，因此，硝基漆仍不失为木器漆的重要品种之一。

随着国家对环保政策法规的完善和强化，以及人民经济生活水平的不断提高，环保意识的增强，室内绿色装饰装修已成为装饰装修行业发展的主流，室内装饰装修涂料朝着采用高性能、高装饰、低毒性、低挥发性有机化合物（简称 VOC）的方向发展。尤其在国家颁布和实施《十项室内装饰装修材料有毒有害物质限量》标准后，室内装饰装修用涂料产品发生了结构性的变化，低固体分、高 VOC 的传统型硝基漆产品逐渐向高固体分、低 VOC、低毒性的产品方向发展。

硝基漆施工时，环境温度对工艺质量影响很大，温度高（30℃以上），溶剂蒸发快，涂层流平性不好，易出现针孔、气泡现象。温度低（低于 5℃），溶剂不易蒸发，漆膜浑浊不清。空气湿度大时，漆膜易发白。

（1）硝基漆的品种。按木材涂饰施工过程的功用，硝基漆品种可以构成独立的涂饰体系，它包括硝基腻子、填孔漆、着色剂、头度底漆（封闭底漆）、二度底漆、面漆等。

（2）硝基漆的性能。硝基漆的优缺点都很突出，在不同场合、不同施工要求下，仍有应用价值。

1）硝基漆的优点。硝基漆的特殊优点是其他涂料产品难以替代的，目前仍被广泛地应用于木器家具、室内装修的涂饰，尤其在出口家具、工艺品上应用广泛，受到市场及广大消费者的青睐。

①干燥迅速。一般的油漆干燥时间需经过 24 h，而硝基漆只要十几分钟就可达表干，因此可采用“湿碰湿”工艺，表干连涂，在间隔时间不长的情况下，可连续涂饰多遍。大大节省了施工时间，提高了工作效率。

②施工简单。硝基涂料是单组分产品，调配时只需加入适量的天那水即可进行喷涂，不必分装储存，使用时也不必按比例配漆，没有施工时限的问题，因而施工方便。

③装饰性好。硝基清漆颜色浅，可用于木纹的浅色与本色涂饰，漆膜透明度高，可充分显现木材纹理与天然质感。装饰装修市场兴起的显孔亚光装饰最适于选用硝基漆，薄涂层别具韵味，是其他漆种难以替代的。近年来出口的美式涂装家具也多半采用

硝基漆。另外，硝基漆漆膜坚硬，打磨抛光性好，可获得镜样光泽。

2）硝基漆的缺点

①丰满度不够。因硝基涂料施工时的固体分含量较低，一般只有百分之十几，难以形成厚实的漆膜。当要求达到一定厚度的漆膜时，需涂饰多遍，施工工艺烦琐，施工周期长。

②漆膜表面不耐溶剂，溶剂能使漆膜溶解。漆膜不耐碱液，在5%NaOH溶液中浸一天，会造成涂层脱落。漆膜耐热、耐寒性不高，由于硝化棉是热塑性材料，在较高的温度下使用，会使漆膜硬度降低；在低温下使用，漆膜容易冻裂。

③有机挥发物（VOC）含量高。施工过程中将挥发大量有害气体，易燃、易爆、有毒、污染环境，增加了施工场所的通风设备与动力消耗。

（3）硝基漆常见的工艺

1）NC底、NC面。在仿古家具（美式涂饰）中应用最广。表现效果大部分为显孔亚光涂饰。

2）PU（聚氨酯漆）底、NC面。比较容易解决NC漆填充力差，丰满度、硬度不够的问题。

（4）硝基漆的应用。目前，我国大部分出口家具、工艺品及室内装修广泛使用硝基漆涂饰，尤其是显孔亚光涂饰首选硝基漆。

硝基漆可采用刷涂、擦涂、喷涂等多种涂饰方法，现代涂饰多以空气喷涂为主。硝基漆涂层干燥成膜后仍能被原溶剂溶解，具有可修复性，即硝基漆膜属于可逆漆膜，这一点在木器油漆施工中有重要的意义。

（5）硝基漆显孔涂饰工艺举例

1）基材处理。砂纸打磨，除去污迹、灰尘等，为后续工序提供平整、光滑表面。

2）着色。擦涂着色剂，室温条件下（大约25℃）放置1 h，充分干燥。

3）封闭。喷涂稀薄封闭底漆，室温条件下（大约25℃）放置1 h，充分干燥。

4）打磨。用220#砂纸顺木纹方向轻磨漆膜表面。

5）涂第一遍底漆。喷涂稀薄打磨漆，干燥30 min。

6）涂第二遍底漆。进行表干连涂，喷涂稀薄打磨漆，干燥24 h。

7）打磨。用240#～360#砂纸顺木纹方向打磨。

8）修色。喷涂着色剂，放置1 h。

9）涂面漆。喷涂亚光清面漆，放置24 h。

4. 聚氨酯（PU）漆

木器漆中应用最多的是聚氨酯木器漆，在木器涂料市场上，聚氨酯漆几乎成了木器漆的代名词，占75%以上的绝对使用优势，是品种最丰富的一类木器漆。涂料市场上把不饱和聚酯（PE）漆与聚氨酯（PU）漆笼统称作“聚酯漆”不够准确，根据我国涂料的标准分类，PE与PU在成膜物质上完全不同，它们为完全不同的两类漆种，分属第十二类（聚酯漆类）和第十四类（聚氨酯漆类）。

（1）聚氨酯漆的组成

1）双组分羟基固化型聚氨酯漆。双组分羟基固化型聚氨酯漆是聚氨酯涂料大类中应用最广泛、调节适应性宽、最具代表性的产品，也是目前我国大部分木制品广泛使用的品种。

双组分漆分装储存，使用前将两个组分按比例混合，配漆后有施工时限，应在时限内及时涂于制品表面，形成聚氨酯漆膜；混合后的聚氨酯漆应及时用完，否则存留在配漆桶中，聚合化学反应将照常进行，使漆液的黏度逐渐增大，最后固化在桶中报废。

配漆：按照涂料产品使用说明书中注明的配漆比例进行操作。

需要注意的问题：聚氨酯漆不能接触水或湿气，否则漆将固化报废。

2）单组分聚氨酯漆。独立包装，使用方便，不需要配漆步骤，操作简单。

（2）聚氨酯漆的性能

1）聚氨酯漆的优点

①漆膜具有良好的物理、机械性能，坚硬耐磨。耐磨性几乎是各类漆中最突出的，可制成多种耐磨性高的专用漆，如地板漆、甲板漆等。

②漆膜附着力强，尤其对木材附着力更强。因此做木材封闭漆、底漆更好，其固化不受木材内含物以及节疤、油分的影响。

③具有优异的耐化学腐蚀性能。漆膜耐酸、碱、盐液、水、油及溶剂等。

④涂层能在高温中烘干，也能在低温下固化。

⑤漆膜弹性较好。可根据需要调节，制成极坚硬的漆膜，也可制成较柔软的弹性涂层。

⑥漆膜具有很高的耐热、耐寒性。制品可在－40～120℃条件下使用。

⑦聚氨酯不仅能独立制漆，还能与其他树脂混合配漆，以适应不同的使用要求。

⑧聚氨酯具有优异的制漆性能，可制成溶剂型漆、液态无溶剂型漆、水性漆、粉末涂料，单罐装与多罐装，以及各种亮光、亚光、透明、不透明品种漆，可以满足不同需要。

⑨漆膜平滑光洁、丰满光亮，有很高的装饰性。透明度高，可进行抛光修饰。

2）聚氨酯漆的缺点

①双组分漆调漆使用不便，配漆后有施工时限。

②漆中含有部分游离异氰酸酯，人体吸入有害健康，应加强通风。

③聚氨酯漆对水、潮气、醇类都很敏感，储存需要密封。

④对溶剂要求高，需用无水乙醇。

⑤对施工条件要求较高，施工中应避水。成膜质量易受潮气、水分影响，稍有不慎，可能会出现针孔、气泡等缺陷。

（3）聚氨酯漆的应用。聚氨酯漆可手工刷涂，也可以喷涂、淋涂，多用于中、高档家具涂饰，最好与专门配套的聚氨酯底漆、封闭漆、打磨漆配合使用，并注意以下几点：

1）两个组分的配比对成膜性能影响很大，严格按规定的比例配漆为：甲∶乙∶稀释剂（天那水）＝1∶0.5∶（0.5～1）。以防止漆膜过脆或过软。

2）聚氨酯漆的具体型号很多，应根据生产厂的说明书按比例配漆。用多少配多少，两组分混合搅匀，放置 15～25 min，待气泡消失后再使用。

3）储漆罐要密封，以免吸潮变质。

4）施工时黏度不宜太高，黏度高容易产生气泡，要采用专门的稀释剂。切记不要用其他液体代替。

5）配漆与涂饰过程忌与水、酸、碱、醇类接触，底层的水性材料（水粉子、水色等）必须干透后再涂聚氨酯漆。注意空气喷涂时，压缩空气中不允许带进水、油等杂质。

6）不宜一次涂厚，应多次薄涂，否则易产生气泡和针孔缺陷。可采用表干连涂工艺。

7）某些颜料、染料及醇溶性着色剂等可能与聚氨酯漆发生反应，不宜放入漆中，使用前需经试验。

8）施工温度、组分中含羟基的量、溶剂中含水等因素均影响干燥速度及成膜质量。

9）施工完毕后及时用配套稀释剂清洗工具、容器和设备。

10）由于聚氨酯有毒，施工时要特别注意劳动保护和通风，操作人员下班要漱口。

聚氨酯漆膜在耐热、耐寒、耐化学药品等方面均超过硝基漆，固体分含量比硝基漆高 2～3 倍，涂饰工艺比硝基漆简单，施工成本低。因此，聚氨酯漆的综合性能优于硝基漆。

（4）常见的工艺

1）PU 底、PU 面：最常用的工艺。

2）PE（不饱和聚酯漆）底、PU 面：表现出高丰满度、抗下陷性强等特性，适合制作高档家具。

3）PU 底、NC 面：有好的丰满度，施工快捷。

4）UV（紫外光固化油漆）底、PU 面：最有前景的工艺，效率极高，产品质量优异。

5）PU 底、W 面（W 指水性涂料）：有一定的丰满度及较强的环保性。

5. 不饱和聚酯（PE）漆

不饱和聚酯漆简称 PE，用做木器家具漆开始于 20 世纪 60 年代。20 世纪 60 年代中期，北京、上海等地的高档家具已开始陆续使用不饱和聚酯漆涂饰，到了 80 年代末期，不饱和聚酯漆在高档组合式家具的涂饰方面得到了飞速发展，到 1994 年前后达到高峰。如今，在我国钢琴制造业、宝丽板制造中、高档家具业得到了广泛的应用。

不饱和聚酯漆是世界涂料中十分重要的漆种。它不仅具有优异的综合理化性能，而且独具特点，属于无溶剂型涂料的代表性品种。

（1）不饱和聚酯漆的组成。不饱和聚酯漆属于多组分漆，常包括 3 或 4 个组分，使用前是分装的。各组分配比（质量比）如下：

组分一：也称主剂，100 份；

组分二：引发剂（白水），2～6 份；

组分三：促进剂（蓝水），1～3 份；

组分四：蜡液，1 份。

使用时按工件调配漆量，一般为 125～250 g/m$^2$。要特别注意，引发剂与促进剂不能直接混合，否则可能引起燃烧、爆炸。储存时也要分开，不能放得太近。

不饱和聚酯漆具有良好的综合性能，因为是无溶剂型漆，固体分含量高，所以，一次涂饰即可获得较厚的涂层，工艺简单，几乎没有有害气体的挥发。

（2）不饱和聚酯漆的性能。不饱和聚酯漆固体分含量接近100%，涂料转化率极高，涂饰一次便可形成较厚的漆膜，有效减少了施工涂层数，施工周期短，施工过程中基本没有有害气体的挥发，对环境污染小。

1）不饱和聚酯漆的优点

不饱和聚酯树脂是合成树脂中的上品，其漆膜综合性能优异，主要表现为：

①漆膜坚硬耐磨。

②漆膜具有良好的耐水、耐热、耐酸、耐溶剂、耐多种化学药品性，并具电气绝缘性。

③漆膜具有良好的保护性能和装饰性能。

2）聚酯漆的缺点

①多组分漆储藏使用比较麻烦，配漆后施工时限短。

②聚酯漆对涂饰基材、配套材料相容性差，对下面涂层、着色剂均有选择性。

③传统聚酯漆须隔氧施工，蜡型聚酯漆必须打磨抛光。

④使用聚酯漆要特别注意安全，引发剂与促进剂如直接混合可能引起燃烧、爆炸。

（3）不饱和聚酯漆的应用。不饱和聚酯漆各类品种均有使用，如聚酯腻子、底漆、面漆，透明与不透明，亮光与亚光品种等。不饱和聚酯漆主要用于家具、木制地板、金属防腐等方面。

1）主要产品类型举例

①PE 腻子。产品特性是硬度高、打磨性好，用白水（过氧化甲乙酮）作引发剂时透明度好，适合用于透明度要求高的家

具。对颜色无严格要求时用原子灰硬化剂作引发剂，收缩小，填孔性好，不会引起表面收缩、下陷。使用时按比例加入引发剂，搅拌均匀，即可施工。每次使用调配量宜少，以免活化期过后腻子硬化造成浪费。

②PE 底漆。漆膜固体分含量高，一次涂饰可获得较厚涂层，施工效率高，干燥快，硬度高，丰满度好，不易流挂，综合性能好，特别适用于刨花板、中纤板制成的家具。产品由漆、引发剂、促进剂、稀释剂四组分分装。因其调配活化期较短，应该用多少配多少，以免浪费。

③PE 面漆。漆膜固体分含量接近 100%，漆膜厚，硬度高，丰满度好，流平佳，干燥快，清漆透明度极高。使用时将引发剂、促进剂、稀释剂分别加入漆中搅拌均匀。引发剂和促进剂绝不可直接混合，否则会引起爆炸。混合好的漆务必在 20 min 内用完，若超过施工时限，漆液将固化作废。

2）配漆。配漆混合顺序一般为先将按比例称取的聚酯漆与促进剂混合，搅拌均匀，再放入引发剂。切忌引发剂与促进剂直接混合，以免引起爆炸。

引发剂与促进剂的加入量受地域、季节以及环境气温影响很大，因为任何化学反应在温度升高时都会加速，甚至聚酯漆涂层在高温加热时没有促进剂也能反应，故在不同温度范围，引发剂与促进剂用量有所变化。

3）施工。传统的不饱和聚酯漆施工时应采用隔氧施工法，避免氧气对漆膜固化的阻聚作用。具体方法是对非蜡型聚酯漆膜使用涤纶薄膜或玻璃板覆盖来隔绝氧的影响；而蜡型聚酯漆是用蜡起到隔氧的作用，即把石蜡加入漆中，石蜡溶解后浮于涂层表面，起到隔氧作用，可以降低易挥发单体的损失，并改善涂料的流平性。目前已经研制出了能在接触空气条件下固化，表面不发黏的聚酯树脂漆，称之为自干型不饱和聚酯漆。

聚酯漆涂饰的最大困难是施工时限太短，一般为 20～40 min，一次配漆不宜过多，必须现用现配，操作极为不便。普通单口喷枪难以实现连续喷涂，需采用双组分喷涂装置，即双口喷枪或双头淋漆机。

使用双口喷枪可使两种漆料在喷嘴前的气流中混合，从而保证漆料不至于在储罐内胶凝。当采用双头淋漆机淋涂工件时，可将聚酯漆分别装入两个淋头中，然后将引发剂和促进剂分别放入两个淋头中，设法保证从两个淋头中流出的漆液比例为1∶1。

## 二、地面涂料

地面涂料是指能较好地装饰和保护室内地面的涂料。根据地面的实际使用要求，地面涂料应具有良好的耐水性、耐酸碱性、耐磨性、抗冲击性，并且与基层有良好的黏结性能，价格合理，涂刷施工方便。

地面涂料与传统的木地板、水磨石、陶瓷地砖等相比，其有效使用年限相对较短，但它具有自重轻、施工工期短、维修更新方便等优点。

比较常用的地面涂料有木地板涂料和水泥砂浆地面涂料。

### 1. 常用地面涂料的品种

(1) BS707地面涂料。这种涂料的主要成分为苯乙烯、丙烯酸酯。这种涂料为厚质涂料，能形成各种图案，具有耐水、耐老化，耐一般酸、碱及化学药品等特点，适用于新旧水泥浆面基层。采用刮涂施工，最低施工温度为5℃，表干需2 h，实干需8 h。

(2) 505地面涂料。这种涂料的主要成分是聚醋酸乙烯，其最大的特点是黏结力强，并具有一定的耐酸、碱性和耐水性，适用于木质及水泥地面。可做成各种图案，三遍完成。最低施工温度为5℃。

(3) RD-01地面涂料。这种涂料的主要成分是氯乙烯、偏氯乙烯。其特点是自流平性较好，具有一定的耐磨、耐水性。适用于室内地面，基层要求平整、干净。最低施工温度为10℃。

（4）DJQ-1地面漆。这种涂料的主要成分为尼龙树脂。其特点是有弹性、无毒、耐水、耐磨，但不耐酸碱。适用于新旧水泥地面。采用涂刷施工，施工时其周围不能有明火，表干需2 h，实干需24 h。

（5）酯胶地板漆（紫红地板漆）。涂膜坚韧、平整、光亮，耐水、耐磨性好，适用于木质地板、楼梯、栏杆等表面的涂饰。

（6）酚醛地板漆（铁红地板漆）。主要成分为酚醛涂料。涂膜坚韧、平整、光亮，耐水、耐磨性好，适用于木质地板、楼梯、栏杆及钢质甲板表面的涂饰。

2. 常用地面涂料的选用

选择地面涂料，要注意地面涂料的主要技术性能。因为这是保证地面涂料耐久使用的基本条件。优质的地面涂料应具有如下特点：

（1）耐洗刷性。将样板用水洗刷1 000次后观察涂层变化，如不开裂、脱落、粉化、变色、退色，则符合要求。

（2）耐热性。将样板在（100±2）℃烘箱内放置4 h后，待冷却至室温时观察涂层。以不起泡、不开裂为好。

（3）耐灼烧性。将一只点燃的香烟头朝下倒放于涂层上，待香烟燃尽后观察涂层变化。如涂层不起泡、不变形、不变色，则达标。

（4）耐碱性。地面涂料要有良好的耐碱性及与地面水泥砂浆的黏结力。如果涂料质量较差，涂层会剥离脱落。

**三、内墙及顶棚涂料**

现在，居民装修居室墙面，使用涂料的远多于使用墙纸的。随着涂料产品的不断升级换代，不但具有安全无毒、施工方便、干燥快、保色性及透气好等特点，而且具有不同的颜色，人们可根据客厅、卧室、厨房以及家具等颜色的协调来加以选择，甚至可用各色颜料自行配制出所喜欢的颜色。

内墙及顶棚涂料要求具有色彩丰富、细腻、调和等特性，有一定的耐水性、耐碱性和耐久性，并具有较好的透气性能，涂刷方便、重涂容易。

1. 内墙涂料的种类

内墙涂料有石灰浆、大白浆、可赛银等，这些涂料由于装饰性差、挥发性大、不能持久，被市场逐渐淘汰。

（1）溶剂型涂料。如过氯乙烯涂料、聚乙烯醇缩丁醛涂料、氯化橡胶涂料、丙烯酸酯涂料、聚氨酯涂料等，因其透气性差、容易结露、挥发性强、对人体健康不利等原因，不推荐在家庭装修中使用。

（2）乳胶漆。乳胶漆又称合成树脂漆。适用于装饰要求较高的内墙。其性能特点是涂层薄、透气性好、附着力强、干燥快、色彩鲜艳，但耐水性、耐碱性稍差。常见的品种有氯乙烯-偏氯乙烯共聚乳液涂料、醋酸乙烯乳液涂料、乙丙乳液涂料、苯丙乳液涂料等。

（3）水溶性涂料。水溶性涂料因其无毒无味、不起泡、不掉粉、附着力强、价格低等优点，深受市场欢迎。常见的品种有106内墙涂料（聚乙烯醇水玻璃涂料）、803内墙涂料（聚乙烯醇缩甲醛内墙涂料）和改性聚乙烯醇系内墙涂料等。

还有一些多彩花纹涂料、云彩涂料等新颖的内墙涂料，不仅可用于内墙面，还可用于顶棚、石膏板、木板、钢板等各种基面。丰富多彩的花纹图样和极富立体感的装饰效果使其成为高档次装饰材料。多彩花纹涂料也分为水性和溶剂型两种。

目前，涂料正向水性化、功能化方向发展，无毒、安全、节约能源、装饰效果好、价格适中是涂料选购的基本要求；多功能、耐久性、自洁性、透气性等也是消费者关注的重点。

2. 乳胶漆的选购

乳胶漆是以合成树脂乳液为基料（成膜材料）的薄型内墙涂料。经过国家质量检测中心性能测试及消费调查表明，所有乳胶漆中，28种无毒，只有8种微量有毒，基本不会对人体造成伤害。其中，仿瓷涂料被禁止在内墙装修中使用，最安全的是水性环保涂料。乳胶漆中的甲醛、汞、铅对人体健康有害，因此，选购涂料之前，应掌握一定的环保知识，以免上当受骗。

乳胶漆的价格差异很大，选购时应注意：

(1) 尽量到大商店去购买有品牌的国内外知名厂家生产的乳胶漆。

(2) 检查乳胶漆桶上的商标、数量、防伪标志、生产厂家和地址等是否清晰。

(3) 检查桶外有没有渗漏和异味，特别是要检查是否有刺鼻的味道。假冒的低档水溶性涂料含甲醛，刺激性很强。

(4) 开桶之后应检查有无硬块，搅拌后是否均匀。乳胶漆的正常储存期为 6 个月，过期的产品不能购买。

(5) 检查颜色是否与桶上标示的一致，有条件时可以在墙上试一下，将少许乳胶漆涂于墙上，待干后闻一闻、看一看，并用湿布擦拭，若多次擦不退色、不掉粉、不粘布，则应是真货。好的涂料干燥时间应不大于 2 h。

(6) 购买前，先量算居室的墙面面积，然后根据 0.15～0.20 $kg/m^2$的用量估算需要购买的数量。

为了保证乳胶漆的质量和性能，在乳胶漆中还要加入一些助剂，如成膜助剂、分散剂、防腐剂、消毒剂、增稠剂等。

目前，市场上销售的乳胶漆，其成分基本相同，主要区别是品牌的名称不同。一些不法厂商将含甲醛的 107 涂料、改性淀粉和改性纤维素涂料仿冒乳胶漆出售，售价很低，应引起消费者的警惕。若标准号为“JC/T ×××—××”则该产品为水溶性涂料；若标准号为“GB/T ×××—199×”则该产品为内墙乳胶漆，且符合国家标准的要求。

3. 乳胶漆的保存

乳胶漆具有无毒害、细腻柔滑、颜色亮丽、柔和均匀的特性，无论刷涂、辊涂和喷涂，都能产生较好的装饰效果。

正确保存乳胶漆的方法是：

（1）乳胶漆应存放于阴凉干燥和不受日光直射的地方，存放温度不低于0℃。

（2）温度小于5℃或相对湿度为85%以上时不宜施工。

（3）乳胶漆不可与其他溶剂、油漆、粉料等混合。

（4）使用过的工具要及时用水洗净或浸于乳胶漆中，以免干结。开桶使用后，桶盖要封严，若桶内留下的乳胶漆暂时不用，可淋上一层薄水，以免乳胶漆结皮。

（5）在使用每一种乳胶漆时，最好预留一些，便于大面积完工之后局部的修补。

（6）内墙乳胶漆切忌与聚氨酯类涂料同时同地施工。一般，聚氨酯类涂料应先施工，在通风条件下彻底干燥后再涂刷内墙乳胶漆。

（7）乳胶漆自生产之日起，存放期为半年，保存温度在20℃左右。

4. 乳胶漆的使用

乳胶漆具有良好的装饰效果，但是使用不当，往往产生所涂刷的乳胶漆泛黄、起皱等现象。正确使用乳胶漆的方法如下：

（1）内墙基层墙面的要求和处理。新混凝土墙表面常温下干燥时间不少于14天，使其含水率小于10%，pH值小于10；基层墙面在刮腻子前必须牢固，不应有起砂、裂缝、疏松等缺陷；内墙腻子应遇水不软化、不膨胀，用手抹不起粉；腻子干后，要用0#砂纸打磨平整，再用湿布将腻子上的浮灰抹去，并尽快涂漆。若旧墙上的旧漆层已疏松、粉化、剥落，须将旧漆清除干净。霉菌滋生的墙壁，须用漂白粉水（溶液）清洗，除掉霉菌，再用清水冲干净，待墙壁干燥后再涂漆。

（2）施工方法

1）施工温度应保持在8℃以上。开桶后，应将涂料充分搅拌均匀，以免影响漆的性能及组成。

2）内墙乳胶漆无需加水即可涂刷。如果涂料较稠，也只能稍加水稀释后再涂刷，切忌大量加水。刷涂用量为6～7 $m^2$/kg。

3）内墙乳胶漆需涂刷两道，若用排笔或毛刷，第一道应横向刷涂，第二道应纵向刷涂。

4）在涂刷过程中若出现气泡，应按原刷涂方向回刷，使气泡消失。

5）两道涂刷间隔时间应大于2 h。

6）一般刷漆完毕应干燥2周以上，以免墙面泛黄。应尽量避免在冬季使用乳胶漆。

用喷枪喷涂时，压力调节为0.05～0.1 MPa，用3%～5%的水稀释涂料，喷嘴距墙面60～80 cm，均匀喷涂。涂料用量为10～12 $m^2$/kg。

**四、金属面涂料**

金属面一般是指钢门窗、钢屋架和一般金属制品，包括楼梯踏步、栏杆等。这些金属材料暴露在大气中会生锈，必须涂以防腐蚀涂料如防锈漆、沥青漆等加以保护。

1. 酚醛树脂漆

包括型号为Y03-1的各色油性调和漆，用于要求不高的建筑物室外金属屋面、水落管、栏杆等；型号为Y53-5的锌灰油性防锈漆，适用于对装饰性要求不高的室外金属栏杆。

2. 天然树脂漆

包括型号为F03-1的各色酚醛调和漆，也叫磁性调和漆；型号为F04-1的各色酚醛磁漆，也叫酯胶磁漆、751银粉漆、铝粉酚醛磁漆；型号为F04-15的各色酚醛磁漆。

以上3种型号均可用于室外金属栏杆、屋面、水落管的涂饰。

3. 醇酸树脂漆

型号为C01-1、C01-5的醇酸清漆，用于室外金属栏杆及其他金属饰件的罩光。型号为C01-7的醇酸清漆，干燥性能较好、附着力好，耐候性比C01-1醇酸清漆好，但防霉、防潮、防烟雾性能差，用于室外铝及铝镁合金金属表面的罩光。型号为C03-1的各色醇酸酯胶调和漆，用于室外金属栏杆、屋面、水落管及其他金属饰件的普通涂饰。型号为C04-2的各色醇酸磁漆，具有较好的光泽和机械强度，耐候性比一般调和漆和酚醛漆好，但耐水性较差，适宜户外使用，用于涂饰高级建筑物的室外金属部位。型号为C04-42的各色醇酸磁漆，其户外耐久性和附着力比C04-2醇酸磁漆好，但干燥时间长，适宜涂饰高级建筑的室外金属部位，也可用于室内。

4. 乙烯漆

乙烯漆色彩鲜艳、涂膜光亮坚硬、干燥较快，适用于室外金属部位的涂饰。

5. 有机硅树脂漆

有机硅树脂漆可用于室外金属烟囱表面的涂饰。

6. 过氯乙烯漆

过氯乙烯漆适用于防化学腐蚀的室外金属表面。

7. 环氧树脂漆

环氧树脂漆适用于抗腐蚀的室外金属表面。

8. 橡胶漆

橡胶漆也叫氯丁橡胶漆，适用于需防腐蚀的金属表面。

9. 沥青漆

沥青漆用作室外金属面的涂饰，其中，型号为L50-1的沥青耐酸漆，用作室外耐酸腐蚀的金属面涂饰。

## 模块二 涂料的选用

装修装饰工程中，涂料的应用范围十分广泛，可以用涂料来装饰或保护的部位有门窗、内墙、顶棚、地面、家具、室内装饰物、外墙及室外装饰物等。被涂物件表面的不同材质对涂料的选择和使用具有很大影响。

## 一、材质的分类

被涂物件表面材质可分为金属和非金属两大类。

1. 金属类材质包括钢铁、铝、铜、锡以及其他合金等。

2. 非金属类材质包括木材、砖石、混凝土、塑料、橡胶、玻璃、玻璃钢、皮革、织物及纸张等。

## 二、涂料与材质的适应性

由于材质的极性和吸附能力不同，应根据被涂物件表面材质的性质和结构选用相应的涂料。例如，用于混凝土表面的涂料，要求耐潮、耐碱性能好，可选用氯化橡胶底漆或乳胶漆；用于钢铁表面的防锈涂层则可采用红丹防锈漆。各种涂料与被涂材料的适应性情况见表1—1（供参考）。

表1—1　　各种涂料与被涂材质的适应性

| 涂料<br>被涂材质 | 油脂漆 | 醇酸树脂漆 | 硝基漆 | 酚醛漆 | 环氧树脂漆 | 氯化橡胶漆 | 丙烯酸酯漆 | 氯醛共缩漆 | 聚氨酯漆 | 乙基纤维漆 |
|---|---|---|---|---|---|---|---|---|---|---|
| 钢铁金属 | 5 | 5 | 5 | 5 | 5 | 5 | 4 | 5 | 5 | 4 |
| 轻金属 | 4 | 4 | 4 | 5 | 5 | 3 | 5 | 4 | 5 | 4 |
| 金属丝 | 4 | 4 | — | 4 | 5 | 4 | 2 | 5 | 5 | 5 |
| 纸张 | 3 | 4 | 5 | 5 | 4 | 4 | 4 | 5 | 5 | 5 |
| 织物纤维 | 3 | 5 | 5 | 4 | — | 4 | 4 | 5 | 5 | 5 |
| 塑料 | 3 | 4 | 4 | 4 | 4 | 3 | 4 | 4 | 5 | 5 |
| 木材 | 4 | 5 | 5 | 4 | 4 | 5 | 4 | 4 | 5 | 3 |
| 皮革 | 3 | 5 | 5 | 2 | 3 | 4 | 4 | 5 | 5 | 5 |
| 砖石砂浆 | 2 | 3 | — | 5 | 5 | 4 | 4 | 4 | 5 | 3 |
| 混凝土 | 3 | 2 | 1 | 2 | 5 | 5 | 4 | 5 | 5 | 4 |
| 玻璃 | 2 | 4 | 4 | 4 | 5 | 1 | 1 | 4 | 5 | 3 |

注：表中数字为适应性等级，5表示最好，1表示最差。

## 习　题

1. 简述油漆与涂料的区别。

2. 简述硝基漆的应用工艺。

3. 简述聚氨酯漆的应用工艺。

4. 不饱和聚酯漆如何配制？

5. 举例说明水性涂料的优点和缺点。

6. 地面涂料有哪些？各适合什么场合？

7. 简述内墙及顶棚涂料的主要品种。

8. 选购乳胶漆时应注意什么？

9. 简述使用乳胶漆的施工方法。

10. 哪些涂料品种适于金属面涂饰？举出实例，详细说明其用途。

# 第二单元　涂饰工具及涂饰方法

**学习要点**

• 了解手工涂饰、机械涂饰的常用工具和涂饰方法。

## 模块一　涂 饰 工 具

油漆的涂饰质量与涂饰速度，不仅与油漆工的操作技能有关，而且与其所选用的涂饰工具是否适宜有关。不同的涂饰部位，不同种类的涂料，所需的涂饰工具不尽相同；不同材质的基层，所用的涂饰工具的尺寸、形状也不完全一样。因此，必须根据涂料的种类、施工对象、施工方法和要求，合理地选用涂饰工具。

### 一、油刷

1. 油刷的种类和用途

（1）油刷的种类。油刷的种类很多，如图 2—1 所示。

1）按所选用的材质可分为猪鬃、羊毛、马尾、狼毫、人发、棕丝和人造合成纤维等油刷。

2）按所采用的原毛分为硬毛刷和软毛刷两大类。硬毛刷通常采用猪鬃制作，软毛刷通常用羊毛制作。

3）按其外表特征可分为扁平毛刷、圆毛刷和弯柄毛刷等。

4）按刷毛的宽度分为 0.5 in、1 in、1.5 in、2 in、2.5 in、3 in、4 in 等多种规格［注：1 in（英寸）＝25.4 mm］。0.5 in、

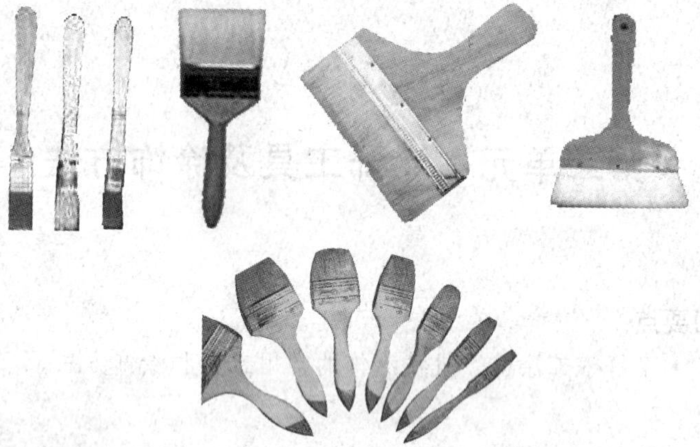

图 2—1　各类油刷

1 in 的油刷用于一般小件或不易涂刷到的部位；1.5 in 的油刷较多用于涂刷钢窗涂料；2 in 的油刷多用于涂刷木窗或钢窗涂料；2.5 in 的油刷除常用于木门、钢门涂料外，还用于一般的涂料涂刷；3 in 以上的油刷主要用于抹灰面涂料。

（2）油刷的用途。油刷刷毛的弹性与强度比排笔大，故可用于涂刷黏度较大的涂料，如酚醛漆、醇酸漆、酯胶漆、清油、调和漆、厚漆等油性清漆和色漆。毛刷的选用按使用的涂料来决定。油漆毛刷因为所用涂料黏度高，所以使用对涂料润透性好的马毛制成的直筒毛刷和弯把毛刷；清漆毛刷因为清漆有一定的黏度，所以使用由羊毛、马毛、猪毛混合制成的弯把、平型、圆型毛刷；硝基漆毛刷因硝基漆干燥快，所以需要用对涂料润透性好，毛尖柔软的羊毛、马毛制作，其形状通常是弯把和平型；水性涂料毛刷因为需要毛软和对涂料润透性好，所以用羊毛制成的毛刷最合适，也可用马毛制作，形状为平型，尤其是要有一定的宽度。

2. 油刷的使用方法

油刷一般采用直握的方法，手指不要超过铁皮，如图 2—2a

所示。手要握紧，不得松动，操作时，手腕要灵活。必要时，可以移动手臂和身体来配合。使用新刷时，要先把刷上的灰尘拍掉，并在 1.5# 木砂纸上磨刷几遍，将不牢固的鬃毛擦掉，并将刷毛磨顺磨齐。这样，涂刷时不易留下刷纹和掉毛。蘸涂料时不宜把刷毛全部蘸满，一般不超过刷毛的 2/3，如图 2—2b 所示。

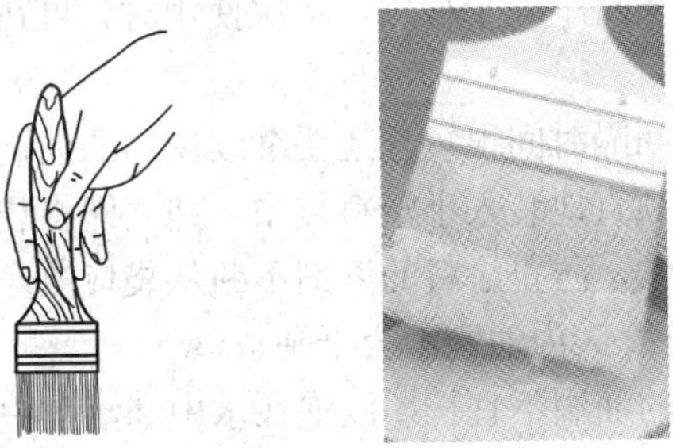

a)　　　　b)

图 2—2　油刷的使用方法及蘸涂料量

a）握刷的方法　b）蘸涂料量

蘸涂料后，要在涂料桶内壁轻轻地拍打一两下，目的是使蘸起的涂料集中到鬃毛的头部，并使多余涂料流掉，以免涂刷时涂料滴落。在窗扇、门框等狭长物件上刷涂料时，要用油刷的侧面，涂刷满后再用油刷的大面刷匀理直。涂刷不同颜色的涂料时，不可用同一把油刷，以免影响色调。

3. 油刷的保管

油刷用过以后要及时用有机溶剂将其洗净，再用肥皂揉搓，并用清水漂净后晾干。如果不清洗或清洗不彻底都会造成毛刷干硬，甚至报废。刷过水性涂料的毛刷一般只要用水清洗干净，捋平毛头，让其自干即可。按照间隔时间的长短，油刷的保管各有不同。

（1）油刷用完后，如果短期内不再使用，应将刷毛中的剩余涂料挤出，在溶剂中清洗两三次，将油刷悬挂在盛有溶剂或水的密封容器里，并将刷毛全部浸在液面以下，但不要接触容器底部，以免变形。使用时，要将刷毛中的溶剂或水甩净擦干。若长期不用，必须彻底洗净，晾干后用油纸包好，保存于干燥处。

(2) 如果短时间中断施工，可将毛刷浸入水中（最好是悬挂在水中）。刷过树脂漆的毛刷应浸在二甲苯中；刷过硝基清漆的毛刷只需将毛头捋平晾干待用，下次使用时，可在相应的溶剂中泡软即可。

(3) 对于间隔时间很短且还要继续使用的油刷，可将刚刚刷完涂料的毛刷顺直地装入小塑料袋中，并立即将袋口上部连同油刷木柄一起捆紧，防止涂料的溶剂不断从袋口散逸，并防止空气进入，这样 1～2 天内油刷不会干硬。

(4) 用过的油刷不宜长期浸泡在水中和溶剂中。将油刷长期浸泡在水中有很多缺点：油刷的毛头容易翘起、弯曲，铁皮容易锈蚀，木柄容易腐烂；油刷浸泡在水中，有时忘记加水，时间久了水会干涸，致使油刷干硬报废。将油刷长期浸泡在有机溶剂中会带来一系列问题：用有机溶剂清洗或浸泡刷具不仅价格高、易燃、有毒，同时浪费严重；刷毛内的涂料和杂质会溶于溶剂中，在刷下道涂料时，会沾污漆面；油刷内部的溶剂不易甩净，在下次使用时，溶剂会从刷柄缝隙流出，沾污手掌；刷具在有机溶剂中浸泡，刷毛会翘角，影响刷涂质量。

## 二、排笔

### 1. 排笔的种类和用途

排笔是手工涂刷的工具，用羊毛和细竹管制成。每排有 4 管至 20 管多种，如图 2—3 所示。4 管、8 管的排笔主要用于刷漆片，8 管以上的排笔用于墙面的涂饰及刷浆。排笔的刷毛较油刷的鬃毛柔软，适于涂刷黏度较低的涂料，如粉浆、

图 2—3 排笔

水性内墙涂料、乳胶漆、虫胶漆、硝基漆、聚酯漆、丙烯酸漆等。

2. 排笔的使用方法

涂刷时，用手握住排笔的右角，一面用大拇指压住排笔，另一面用四指握成拳头形状，如图 2—4a 所示。刷涂时要用手腕带动排笔，对于粉浆或涂料一类的涂刷，要用排笔笔毛的两个平面拍打粉浆，为了涂刷均匀，手腕要灵活转动。用排笔从容器内蘸涂料时，大拇指要略松开一些，笔毛向下，如图 2—4b 所示。蘸涂料后，要用排笔在桶边轻轻敲打几下，使涂料能集中在笔毛头部，让笔毛存不住的多余涂料流掉，以免滴洒。然后恢复到刷浆时的握法，进行抹刷。如用排笔刷漆片，则握笔手法略有不同，这时要拿住排笔上部居中的位置。

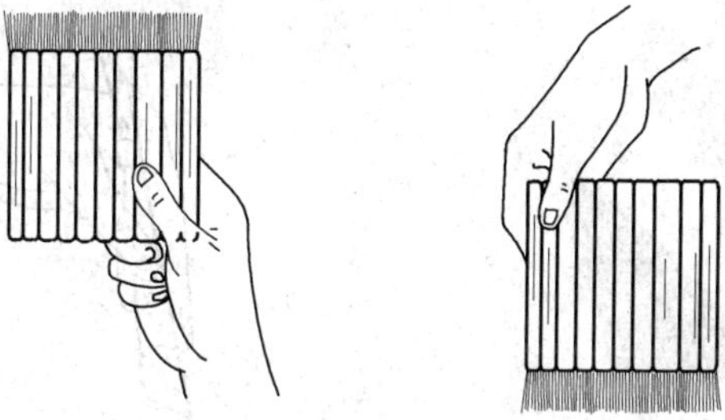

a) b)

图 2—4 排笔的使用方法

a）刷涂料时的握法 b）蘸涂料时的握法

3. 排笔的保管

用过的排笔，必须用水或溶剂彻底洗净，将笔毛捋直保管，以保持羊毛的弹性。不要将其久立于涂料桶内，否则笔毛易弯曲、松散，失去弹性。

**三、铲刀**

1. 铲刀的种类

铲刀又名油灰刀或嵌刀、腻刀，是由木柄和刀板结合而成的，如图 2—5 所示。对铲刀的质量要求是弹性好，刃薄而利，能弯不折，弯至 55°时，仍能恢复原态。根据刀刃宽度，铲刀的规格有：25 mm、38 mm、50 mm、68 mm、100 mm、150 mm 等多种。

2. 铲刀的用途

铲刀常用来清除灰土，调配、嵌补腻子，铲刮铁锈、旧漆膜及黏附在基层表面的杂物等。

（1）清理灰土。使用前要将铲刀磨快，两角磨整齐，把物件表面上所有的灰土清理干净，避免伤害基层。清理时，手应握住铲刀的刀片，大拇指在一面，四个手指压紧另一面，如图 2—6 所示。要顺木纹清理，这样不致因刀快而损伤木材，而且用刀轻重能随时感觉到，以便调整力度。

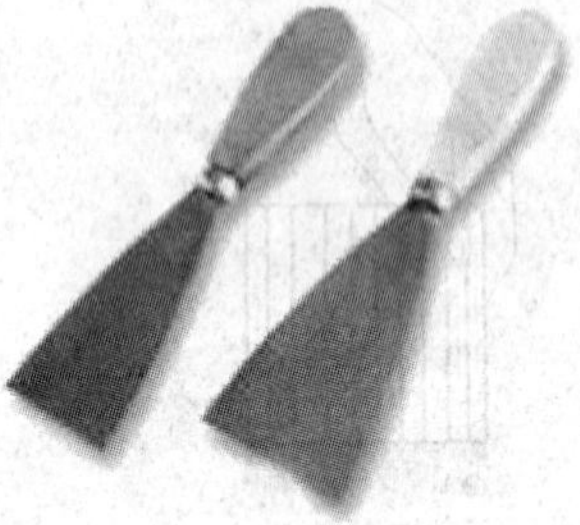

图 2—5　铲刀

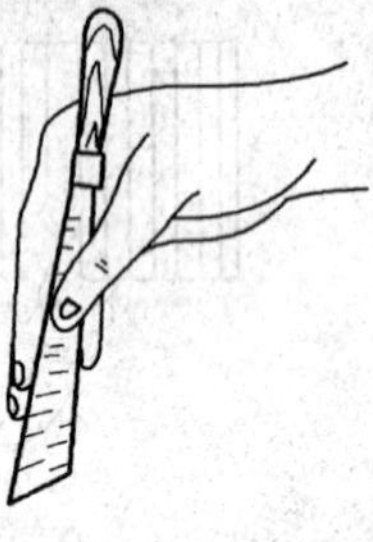

图 2—6　清理基层表面灰土时铲刀的握法

（2）调配腻子。调配腻子时，应四指握把儿，拇指紧压刀片，如图 2—7 所示，正反两面交替调拌。注意铲刀不要磨得太快。

（3）嵌补腻子。嵌补腻子时，刀口要平整薄直，无任何缺口，且有弹性。嵌补孔眼缝隙时，先用刀头嵌满填实，再用铲刀压紧腻子来回收刮，如图 2—8 所示。

（4）清理墙面、金属面。清理墙面上的水泥砂浆块或金属面

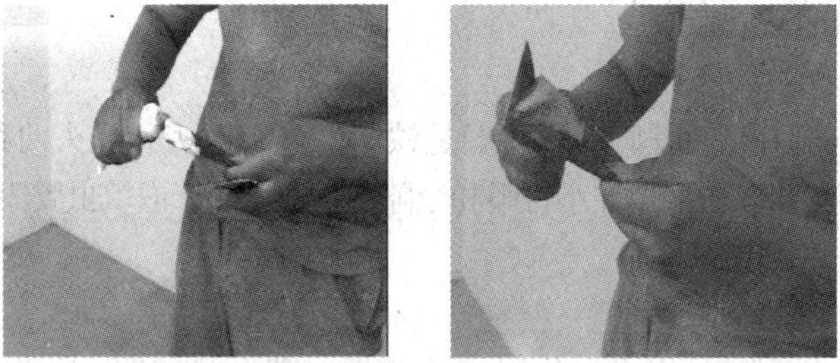

图 2—7　调配腻子示意图

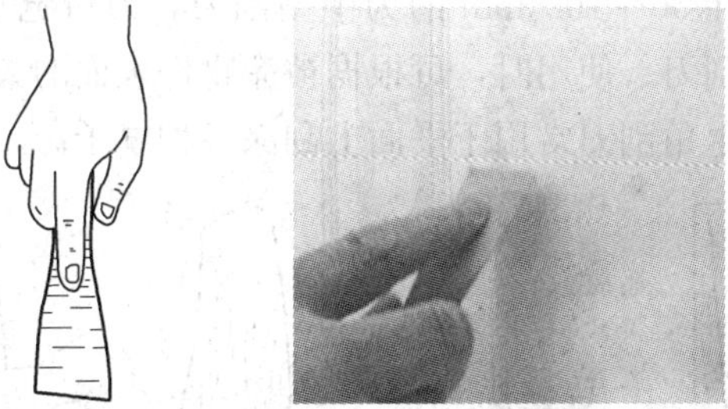

图 2—8　嵌补腻子示意图

上较硬的疙瘩时，要满把握紧刀把，大拇指紧压刀把顶端，铲刀的刃口要剪成斜口（不超过 20°），用力戗刮。

3. 铲刀的保管和维修

铲刀使用完毕后，应用松香水擦拭干净，以免腻子干结后难以刮除；铲刀蘸水使用后，应擦去水迹，并涂少量机油防锈。铲刀使用久了，常会出现两角变秃、刀刃倾斜及刀柄活动等毛病，应及时维修，以免影响铲刮质量，造成误工费料。

**四、刻刀**

刻刀包括大刻刀和小刻刀。其形状如图 2—9 所示。

1. 大刻刀

大刻刀是用报废的较宽钢锯条，在砂轮上将锯齿磨掉，再把刃口磨快制成。它的规格根据锯条的宽窄而定。大刻刀用于铲刮较硬的旧漆及杂物。

2. 小刻刀

小刻刀又叫扦脚刀，一般是铁制的，有双头和单头两种。小刻刀用于将腻子嵌填在小钉眼和缝隙中，通常用于嵌填虫胶漆腻子。

### 五、刮刀

1. 牛角刮刀

牛角刮刀是用水牛角制成的薄板，其形状如图 2—10 所示。牛角刮刀分大、中、小 3 种。刀口宽在 100 mm 以上的为大型刮刀，刀口宽在 50～100 mm 的为中型刮刀，刀口宽在 50 mm 以下的为小型刮刀。使用时，可根据被涂物件表面的大小来选择适当的型号。牛角刮刀常用于平面上刮涂各种腻子。

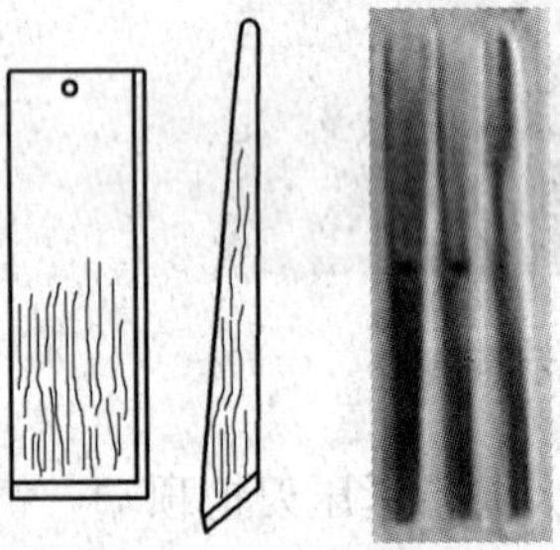

图 2—9　刻刀

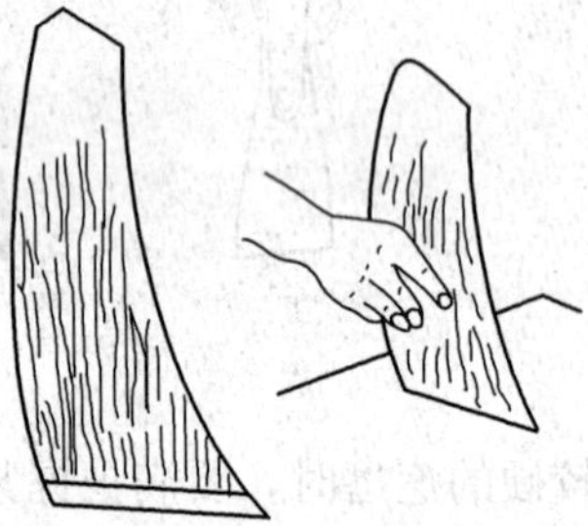

图 2—10　牛角刮刀及握法

2. 橡胶刮刀

橡胶刮刀是由耐油性、耐溶剂性较好的橡胶板和较硬的木板制成，一般为自制品，如图 2—11 所示。制作时，先做好橡胶刮刀，再将选取的木板经开槽后，用硝基清漆将橡胶刮刀黏结在槽里即可。橡胶刮刀主要用于刮涂厚层的水腻子或圆柱体、曲线体等特殊形体表面上的腻子。

新制的橡胶刮刀应用 100# 砂布将刀口磨齐、磨薄，再在细磨刀石上水磨后备用，不可有凹凸现象。用后应立即擦净余腻，并放到远离热源的地方保存。

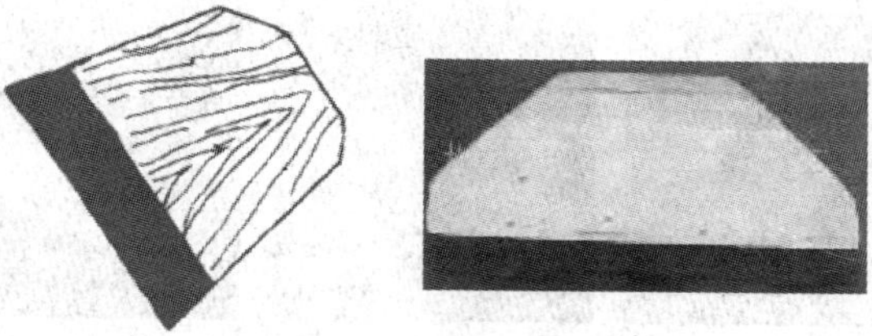

图 2—11　橡胶刮刀

3. 钢板刮刀

钢板刮刀是用具有弹性的薄钢板镶嵌在硬质木柄上制成的，其形状如图 2—12 所示，主要用于墙壁及其他较大物面的刮涂，其刃口不可太锋利，以平直圆钝为宜。

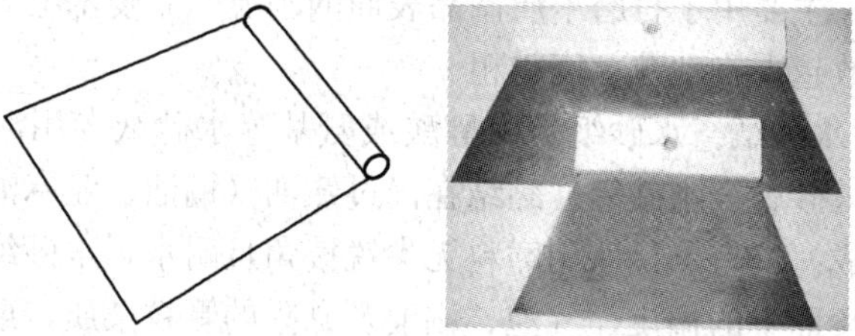

图 2—12　钢板刮刀

使用时，手握钢板刮刀的姿势基本与握牛角刮刀相似。刀要握紧，切勿松动，手腕应适应刮涂的角度。用完后，应擦净刮刀上的余腻，放于固定的位置保存。

**六、打磨工具**

砂纸打磨举例如图 2—13 所示。

1. 砂纸和砂布

（1）砂纸和砂布的种类和规格。

砂纸、砂布是将熔融的氧化铝粉（刚玉、人造金刚砂）和硅粉之类的研磨材料用黏结剂（一般的或耐水的）黏结于纸或布上制成的，是打磨、除锈不可缺少的材料。

图 2—13　砂纸打磨举例

1）木砂纸。木砂纸也叫砂纸或木砂皮，是由骨胶或皮胶等水性黏结料，将研磨至一定规格粗细的砂粒粘在木浆纸上而成。这种砂纸纸质强韧，耐折耐磨，但不耐水。所以，在使用或保存时要注意防水防潮。木砂纸的特点是价格便宜，去除木霉、木刺效果好，主要用于打磨木质制品表面的刨痕、非棱木毛等。木砂纸的号数越大，砂粒粒度越粗。

2）水砂纸。水砂纸是由醇酸或氨基等水砂纸专用漆料将磨料（刚玉砂、金刚砂等）黏结在浸过熟油（桐油、亚麻油等）的纸上制成。其特点是所用磨料无尖锐棱角且耐水。水砂纸主要用于磨平漆面上的橘皮、气泡、刷痕及黏附的颗粒杂质，或磨平油性腻子、漆基腻子等（水性腻子除外）。使用时，需蘸温水、肥皂水或其他溶剂湿润。干磨时磨粒会很快将砂粒之间的空隙填满，同时易折断，造成损料误工。水砂纸的号数越大，砂粒粒度越细。

3）铁砂布。铁砂布是由骨胶等黏结料将金刚砂、刚玉砂等磨料黏结在布上制成。它的特点是质地坚韧、耐磨、耐折、耐用，不耐火，价格较贵。多用于打磨钢家具表面锈层，或磨平钢、木家具底漆底腻等。铁砂布的号数越大，其单位面积内的粒数越少，砂粒粒度越粗。

（2）砂纸的使用方法和保管

1）使用方法。使用砂纸时一般是将整张砂纸裁成 4 块，每块对折后用拇指及小指夹住两端，另外三个手指摊平按在砂纸上来回在物件表面打磨；也可用拇指抵住一端，另外四个手指全部压在砂纸上来回在物件表面打磨。如图 2—14 所示。

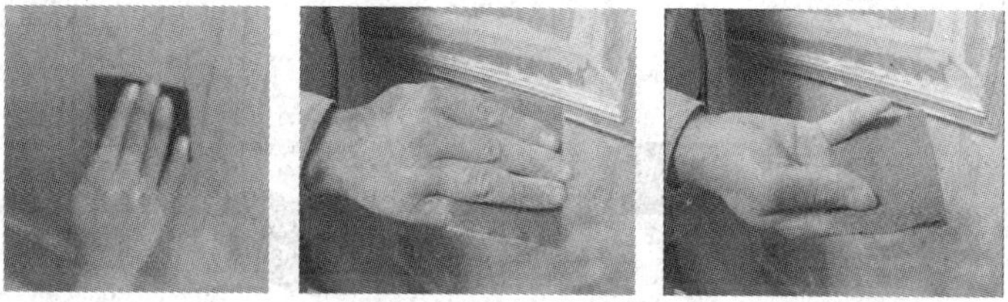

图 2—14　砂纸的使用方法

木砂纸和铁砂布在打磨腻子时，腻子灰会积在磨料空隙中，为此，在打磨一段时间后，应停下来将砂纸在硬处磕几下，除去腻灰。有些漆膜用砂纸干磨时，摩擦发热会引起漆膜软化而损坏涂膜，一般应采用水砂纸湿磨，湿磨前先将水砂纸放在水中浸软，然后将它包在折叠整齐的布块或木块外面打磨，如图 2—15 所示。

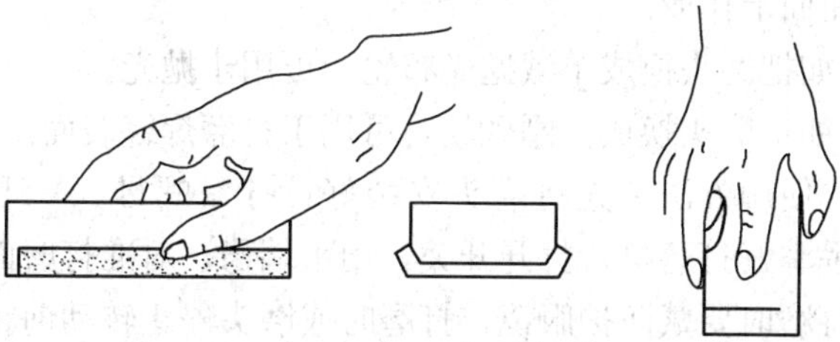

图 2—15　砂纸包在木块外面打磨

2）保管。木砂纸和铁砂布很容易受潮而变软，磨粒脱落，为此，一定要将其存放在干燥的地方。如遇砂纸受潮发软，可放在炉灶旁烘烤或用电吹风吹干，如没有此条件，也可将砂纸裁成 4 块，折叠整齐后放在贴身的口袋里，靠体温使砂纸变得干硬一些。

2. 圆盘打磨器

圆盘打磨器实物举例如图 2—16 所示。

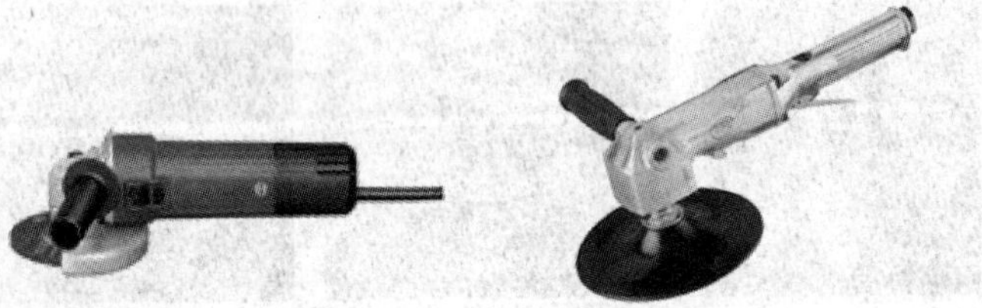

a)　　　　　　　　b)

图 2—16　圆盘打磨器实物举例

a）电动　b）气动

（1）构成。以电动机或空气压缩机带动柔性橡胶或合成材料制成的磨头，在磨头上可固定各种型号的砂纸。

（2）用途

1）可打磨细木制品表面、地板面和油漆面，也可用来除锈，并能在曲面上作业。

2）如把磨头换成羊绒抛光布轮，可用于抛光。

3）如把磨头换成金刚砂轮，可用于打磨焊缝表面。

（3）使用方法。先将磨头安装好，拧紧螺母。一手握好手柄，一手掌好打磨机，打开开关，用手端稳，对准打磨面，缓缓接触。打磨时要戴防护眼镜，打磨时或磨头停止转动前，不得放手，以免机器在惯性和离心力作用下抛出伤人。气动打磨机应严格控制其回转速度，平砂轮线速度一般为 38～50 m/s，钢砂轮转速为 1 200～2 800 r/min，布轮线速度不应超过 35 m/s。

3. 旋转钢丝刷

旋转钢丝刷实物举例如图 2—17 所示。

（1）构成。安装在气动或电动机上的杯形或圆盘形钢丝刷。

（2）用途。用于清除疏松翘起的漆膜或金属表面的铁锈。

（3）使用。使用时应注意安全保护。

图 2—17　旋转钢丝刷

1）操作时，应戴防护眼镜。

2）在没有关掉开关和停止转动以前，不应从手中放下旋转的钢丝刷，以免在离心力作用下抛出伤人。

3）在易爆环境中，必须使用磷青铜刷子。

4. 环形往复打磨器

环形往复打磨器实物举例如图 2—18 所示。

图 2—18　环形往复打磨器

（1）构成。用电或压缩空气带动，由一个矩形柔韧的平底座组成，在底座上可安装各种砂纸。打磨时，底座的表面以一定的距离往复运动。运动的频率因打磨器型号不同而异，约为 6 000～20 000 次/min，来回推动的速度越快，被加工的表面就越光。环形往复打磨器的质量很小，适宜长时间使用。

（2）用途。一般用于对木材、金属、塑料或涂膜的表面进行处理或磨光。

（3）使用方法。电动型环形往复打磨器，在湿法作业或有水时应注意安全。这种打磨器的工作效率低，但容易掌握，加工后的表面比圆盘打磨器加工的表面细。

5. 皮带打磨机

（1）构成。机体上装一整卷带状砂纸，砂纸始终保持平面打磨运动状态。

（2）规格。一般带状砂纸的宽度为 75 mm 或 100 mm，长度为 610 mm。另外，还有一种特大型的，供打磨地面用。

（3）用途。用于打磨大面积的木材表面，或打磨金属表面的一般锈蚀。

## 七、梯子

涂饰施工使用的梯子要求轻便牢固，有以下几种，如图 2—19 所示。

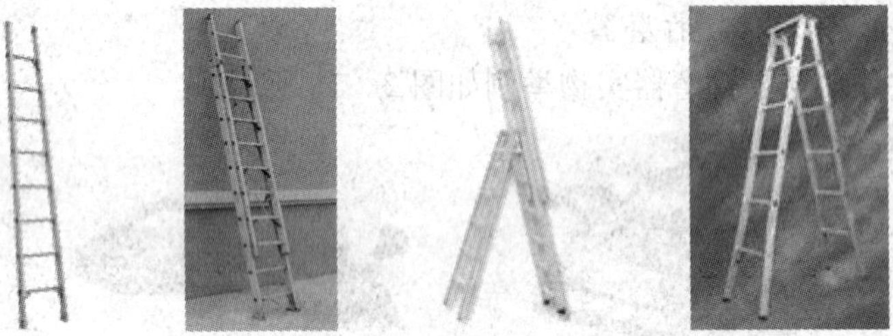

a)　　b)　　c)　　d)

图 2—19　单梯、伸缩梯与合梯

a）单梯　b）一字伸缩梯　c）人字伸缩梯　d）合梯

合梯一般分为 5 阶、7 阶、9 阶、11 阶等多种，每阶相距 30～35 cm。门窗、墙面涂饰时使用 5～7 阶，9 阶以上是特殊需要专用的。

合梯的使用应注意以下几点：

1. 合梯自下往上第二阶要用麻绳系牢，两面拉住，防止蹬开。

2. 在打过蜡的地板上工作时，要用布包住合梯四脚，防止打滑。

3. 如图 2—20 所示，用两个合梯搭跳板施工时，跳板不能放在最高一阶上，以防翻倒。

4. 放置合梯时，要四脚放平、放稳，不能有摇动或三脚着地、一脚悬空的现象。合梯与地面的夹角不能超过 60°，也不能小于 40°。角度过大，合梯不稳；角度过小，合梯容易蹬开。

5. 单个合梯的最高有效使用阶数，是从上向下的第三阶。人在合梯上必须成两脚跨骑式，如图 2—21 所示。

图 2—20　搭跳板施工图

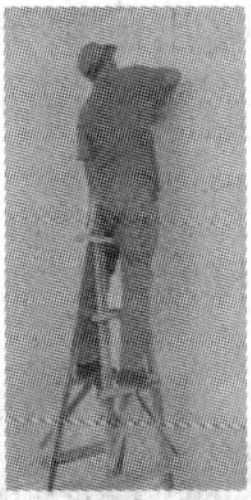

图 2—21　单个合梯使用方法

**八、喷涂工具**

喷枪又称喷漆枪，多用于低黏度、高细度涂料的喷涂施工。

1. 空气喷涂喷枪

（1）空气喷涂喷枪的种类。按涂料供给方式，可分为吸入式、自流式和压力式 3 种，如图 2—22 所示。

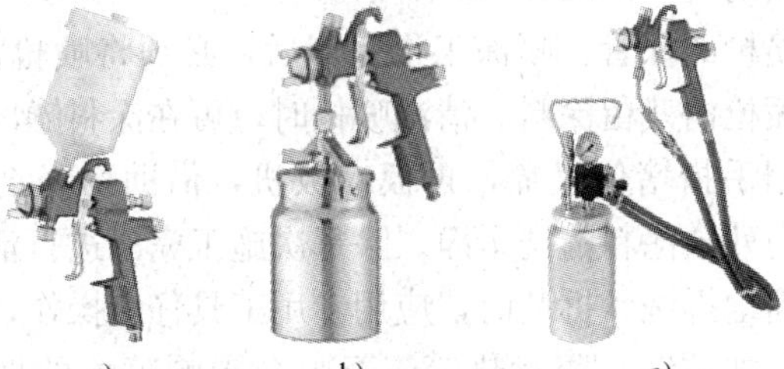

a)　　b)　　c)

图 2—22　空气喷枪种类

a）自流式　b）吸入式　c）压力式

（2）喷枪的使用。使用时扣动扳机，压缩空气的通道首先开放，压缩空气经喷枪内的通道进入喷头，从喷嘴喷出，在喷头前方形成一个空气稀薄的负压区；继续扣动扳机，针阀后退，打开涂料喷嘴，喷出涂料，涂料与压缩空气混合成射流并被雾化。喷枪喷头端部有不同数量的小孔，操作时接通压缩空气，就可以在射流出口处形成辅助气流，用以根据被喷涂表面的形状和面积大小，来控制喷出的射流端面形状。涂料的喷出量，一般可由顶针的伸出量来控制。顶针的伸出量可通过限动螺钉来调整。要想显著地改变涂料喷出量，则要更换不同口径的喷嘴。另外，应根据涂料黏度选择喷嘴，如图 2—23 所示。

图 2—23　空气喷枪的喷嘴

利用喷嘴上的辅助空气通道及喷嘴的不同位置，可调得各种不同形状的射流，如图 2—24 所示。

（3）喷枪的保管。喷涂工作完毕后，必须将喷枪清洗干净，不允许在喷枪内残留涂料。清洗喷枪时，可在涂料罐内装入稀释剂，然后用手指堵住喷嘴，再扳动扳机，借助稀释剂的强烈冲刷，将枪内残余涂料清洗干净。除每次施工完毕进行清洗外，还应定期全面地拆洗。拆装时，应用专用工具仔细操作，不得损坏各种零件，如顶针、密封垫等，否则会影响喷枪的性能。清洗时，将拆下的喷枪零件浸泡在溶剂中，逐个用毛刷清洗干净。清洗过的零件应用清洁柔软的棉布擦干净，然后安装好。出气嘴或出涂料小孔被堵住后，应用溶剂小心擦洗，不得用铁丝捅，否则

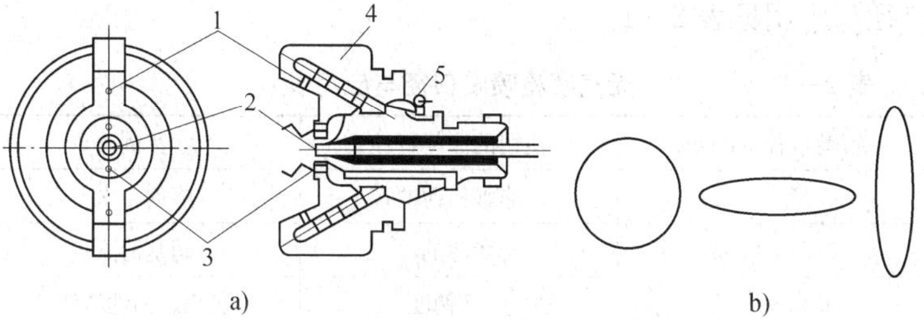


图 2—24　喷头构造及射流形状

a）喷头构造　b）不同射流形状

1—侧面空气孔　2—中心空气孔　3—辅助空气孔　4—空气帽　5—涂料喷嘴

会把小孔捅坏，影响正常使用。

2. 高压无气喷涂喷枪

高压无气喷枪实物举例如图 2—25 所示。

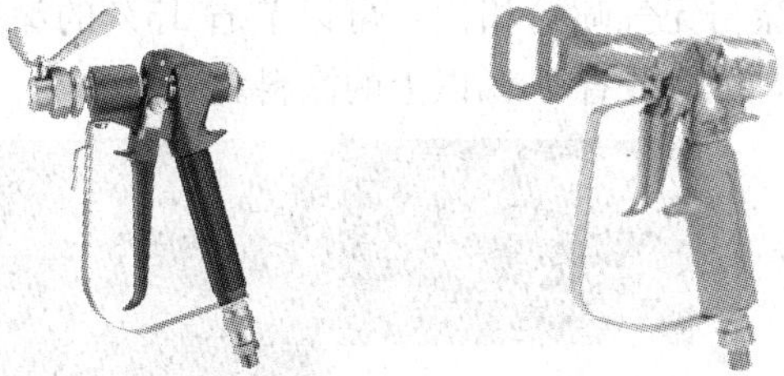

图 2—25　高压无气喷枪实物举例

高压无气喷涂喷枪是无气喷涂装置的重要设备，与空气喷涂喷枪的区别在于它只通过涂料而不输送空气，而且要求密封性强，不泄漏高压涂料，扳机要开闭灵活，能瞬时实现涂料的切断或喷出。

高压无气喷涂喷枪的喷嘴不能自由调节喷形，更改喷形时必须更换喷嘴。喷嘴直径很小（0.1～0.3 mm），涂料必须过滤，否则杂质会堵塞喷嘴。喷嘴是高压无气喷枪的重要部件之一，涂料雾化效果、喷涂射流幅度与喷出量都取决于它。无气喷枪喷嘴口径与应用见表 2—1。

表 2—1　　　　无气喷枪喷嘴口径与应用表

| 喷嘴口径（mm） | 使用的涂料特性 | 实例 |
| --- | --- | --- |
| 0.17～0.25 | 非常稀薄的 | 溶剂、水 |
| 0.27～0.33 | 稀薄的 | 硝基清漆 |
| 0.33～0.45 | 中等稠度 | 底漆、油性清漆 |
| 0.37～0.77 | 黏稠的 | 油性色漆、乳胶漆 |
| 0.65～1.8 | 非常黏稠的 | 浆状涂料 |

3. 中压空气辅助喷枪

中压空气辅助喷枪及喷涂实例如图 2—26 所示。新型的中压空气辅助喷枪可以大幅度降低涂料的工作压力，充分利用雾化空气，对喷出的涂料进行彻底雾化，从而可以喷涂高黏度的涂料。空气辅助喷涂与无气喷涂相比，可以节省 15%的涂料，而与空气喷涂相比，可以节省 40%以上的涂料。

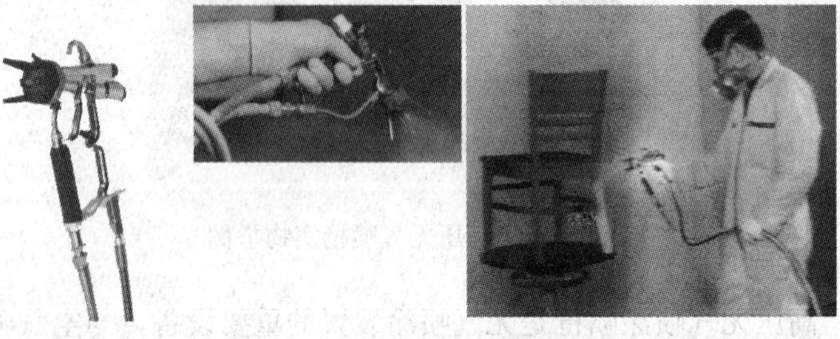

a)　　　　b)

图 2—26　中压空气辅助喷枪及喷涂举例

a）喷枪　b）喷涂实例

## 九、辊涂工具

1. 辊筒的特点

辊涂用工具主要是辊筒。用辊筒辊涂省时省力，效率比刷涂高两倍，而且操作容易，涂饰效果好。辊涂的效果与工具的质量有很大关系，一定要选用适宜、优质的辊筒。

2. 辊筒的构造

（1）手柄。手柄的端部应带有螺纹，用以连接加长的手柄，加长手柄一般长 2 m，可辊涂顶棚、高墙。如图 2—27 所示。

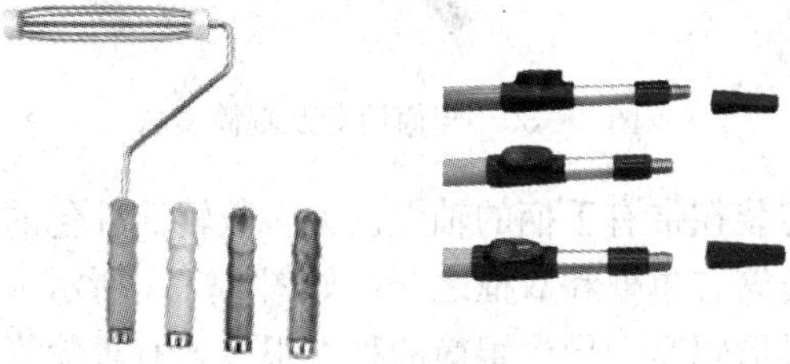

图 2—27　辊筒及手柄

（2）支架。有单支架和双支架两种，并具有一定的强度和耐腐蚀能力。如图 2—28 所示。

（3）筒芯。筒芯具有一定的强度和弹性，以便于支撑筒套，使之不会在中间形成塌陷。筒芯两侧端盖内装有轴承，保证筒芯快速平稳滚动而筒套不会脱落。如图 2—29 所示。

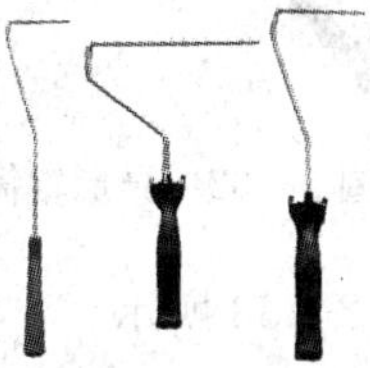

图 2—28　辊筒支架

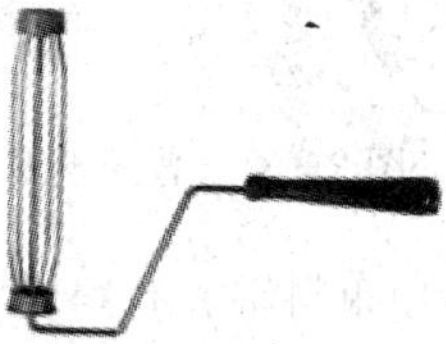

图 2—29　辊筒筒芯

（4）筒套。筒套是辊筒中最重要的组成部分，其宽度一般为 7～9 in。筒套的两端呈斜角形，它可防止边缘绒毛的缠结及涂料的堆积。筒套用塑料纸板制成，筒套上的绒毛以呈螺旋形盘绕在筒套衬上的为好。如图 2—30 所示。

3. 辊筒的种类

（1）普通辊筒。普通辊筒是最常用的一种，由一个包有细纤

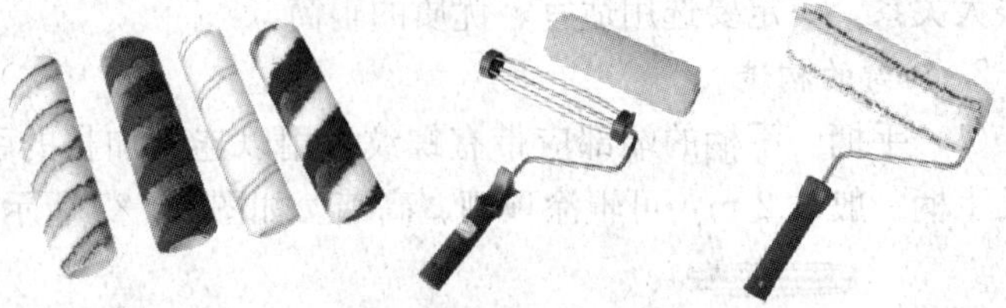

图 2—30　辊筒筒套及辊筒实物

维层的筒芯装在带有手柄的轴上。大多数辊筒外包的纤维层套都可更换。辊筒有单框和双框之分。如图 2—31 所示。

（2）异形辊筒。异形辊筒的种类很多，有辊涂管柱面的凹形辊筒；有由多个小形辊筒安装在弹簧轴上，可弯曲成任何形状的曲面辊筒。铁饼形辊筒可辊涂墙角和镶板上的凹槽。窄辊筒可辊涂门框、窗框等细木制品。如图 2—32 所示。

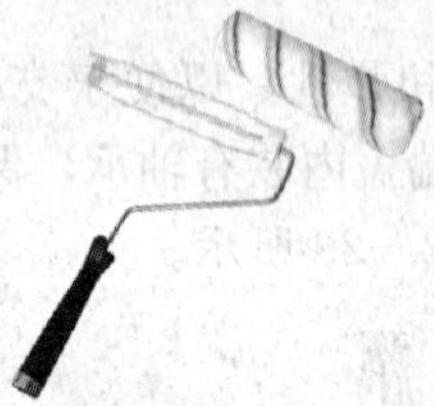

图 2—31　普通辊筒

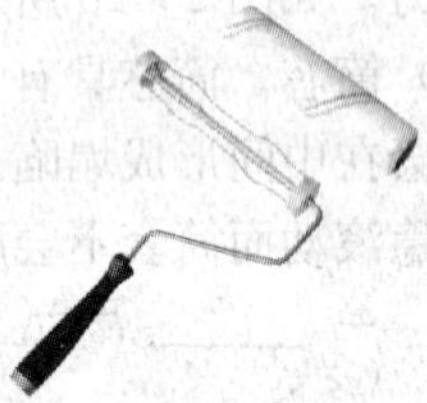

图 2—32　异形辊筒

（3）布料辊。布料辊实物举例如图 2—33 所示。

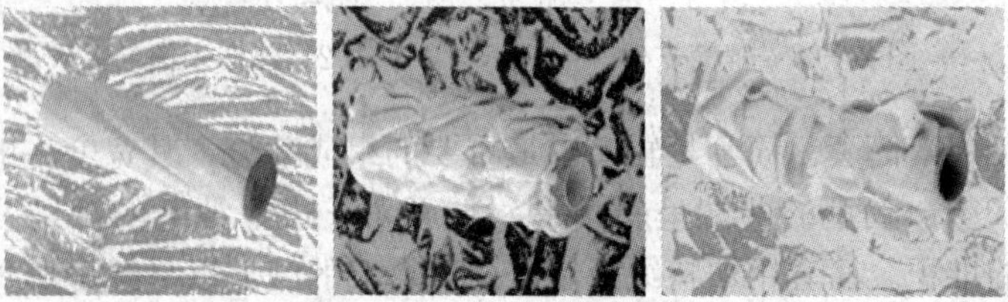

图 2—33　布料辊

（4）橡胶花辊。橡胶花辊实物举例如图 2—34 所示。

图 2—34　橡胶花辊

（5）压力送料辊筒。辊筒筒芯表面布满小孔，涂料经真空泵、软管和手柄送到筒芯，经小孔从筒套流出，涂料的流量受手柄上的开关控制。它的优点是：辊涂作业快，可在无法进行喷涂施工的环境工作；无喷逸，可减少遮挡这一施工程序；使用加长手柄，可辊涂顶棚、高墙等较高的部位而不用脚手架。

4. 辊筒套的材质和性能

（1）长绒羔羊毛。涂料吸收性好，涂膜厚，在光滑面辊涂涂膜纹理深。因羊毛吸水后易变软、膨胀、缠结、上下窜动，故不宜辊涂乳胶涂料，只适宜辊涂醇酸或油基涂料。

（2）短绒羔羊毛。具有筒套材料的一般性能，适用于平滑表面辊涂水性涂料和油性涂料。

（3）马海毛（安哥拉山羊毛）。绒短，不缠结，辊涂纹理浅，适宜在平整面上辊涂有光涂料。

（4）合成纤维。具备筒套材料所有的各种性能，这种纤维弹性好、不易变形，能确保前后辊涂效果一致，特别适宜辊涂水性涂料。

（5）泡沫塑料。价格便宜，一般只能使用几次，被涂料浸泡时间过长时易从筒芯上滑脱，不易辊涂均匀，易被醇酸油基涂料侵蚀。

5. 辊筒筒套绒毛的规格、特点及使用

（1）短绒毛。长度小于 6.4 mm，特点为涂膜较薄，每次吸附的涂料不多，需经常蘸取涂料，泡沫橡胶或毡层也属于这一类。适宜在光滑面上辊涂有光或半光涂料。

（2）中长绒毛。长度为 12.8～20 mm，一次能吸附较多的涂料，可使涂料渗进涂饰面的毛孔或细缝中去。用于辊涂无光墙面和顶棚及砖石等粗糙面。

（3）长绒毛。长度为 25.4～31.8 mm，一次能吸附较多的涂料，辊涂的涂层较厚。用于辊涂极粗糙面、钢丝网等。

6. 辊筒的使用

用辊筒辊涂时，需配套的辅助工具有涂料底盘和辊网，如图 2—35 所示。操作时，先将涂料放入底盘，用手握住辊筒手柄，把辊筒的一半浸入涂料中，然后在底盘上滚动几下，使涂料均匀渗入辊筒，在辊网上滚动均匀后，即可辊涂。

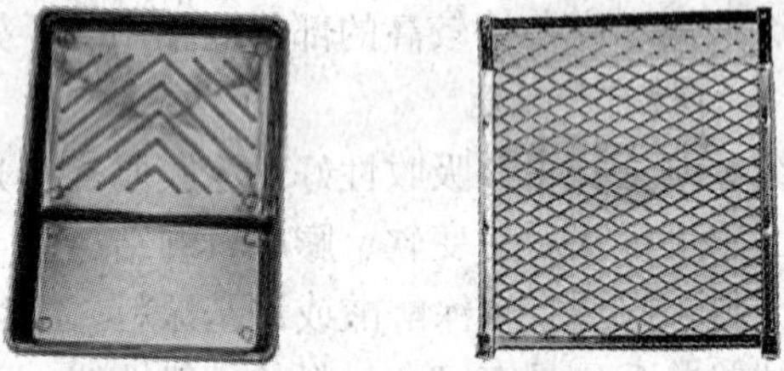

图 2—35　涂料底盘和辊网

7. 辊筒的保管

（1）辊筒在存放前，必须清洗干净，不应含有涂料溶液。

（2）辊筒清洗后，必须悬挂起来晾干，否则会把筒套绒压皱变形。

（3）辊筒应存放在清洁、干燥、通风的房间里，避免筒套受潮而腐蚀、发霉。

## 十、涂料容器

1. 小提桶及桶钩

（1）小提桶

1）构成。小提桶一般用铁皮、镀锌铁皮或塑料制成，常用小提桶的形状如图 2—36 所示。

图 2—36　常用小提桶

2）规格。桶口直径为 150 mm 左右，容量为 1～2 L。

3）用途。盛装零散涂料。

4）保管。提桶内的涂料用完后，应立即用相应的溶剂洗净。一般不用苛性碱清洗铝制品；塑料桶不宜用烈性溶剂清洗，也不宜受热；有焊缝的桶不宜用火烧。

（2）桶钩

1）构成。用钢丝弯成双钩，一端挂桶，另一端挂在梯子凳上。其形状如图 2—37 所示。

2）用途。将桶挂在梯子凳上，以便腾出双手来工作。

图 2—37　桶钩

2. 涂料盘

（1）构成

1）金属或塑料的方盘。

2）带有铁丝提手的铁皮罐、铁皮槽或铁皮桶，铁皮一侧稍高。其形状如图 2—38 所示。

（2）规格。宽度以能容装辊筒为宜，一般为 180～350 mm；容量不超过 10 L。

（3）用途。盛装供辊筒用的涂料，并使辊筒上能均匀布满涂料。

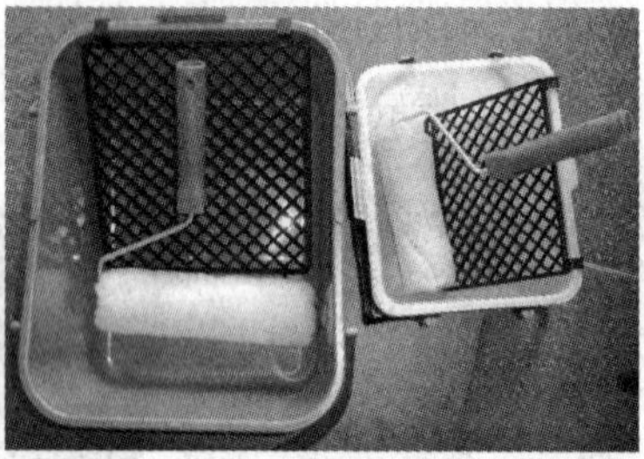

图 2—38　涂料盘

# 模块二　手工涂饰

手工涂饰是指使用手工工具（如刷子、棉球、刮刀等）将涂饰材料涂到木制品或木制零件表面上的涂饰方法。手工涂饰是一种原始的涂饰方法，由于其投资小、涂料损耗少、适用范围广，曾被广泛使用。此方法虽然陈旧，但也是一种不可缺少的涂饰方法，尤其对某些特定的制品、特殊的工序，还必须采用。手工涂饰具有工具简单、灵活方便，能适应不同形状、大小的涂饰对象等优点，但劳动强度大、生产效率低、卫生条件差。

本模块主要介绍手工涂饰的方法、工艺和环境。

手工涂饰常用的方法有刷涂法、擦涂法、刮涂法、辊涂法。

## 一、刷涂法

刷涂是用各种刷子蘸涂料，在木制品或木零件表面涂刷，形成均匀涂层的一种涂饰方法。如图 2—39 所示。

常用的刷涂工具有鬃刷、排笔、板刷等。

### 1. 刷涂的基本操作步骤

（1）蘸料。蘸料时，刷毛浸入涂料的部分不应超过毛长的一半，以免在刷毛的根部堆积涂料，不易清洗；此外，蘸料过深也容易使涂料滴落和流淌。为了使蘸料既多，又不滴落，蘸料后应

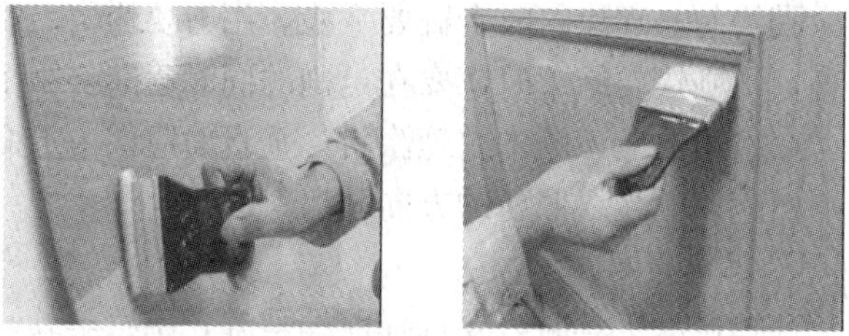

a)　　　　　　　　　　　　　b)

图 2—39　刷涂示意图

a）横向刷涂　b）纵向刷涂

该立即将刷头两面在容器内壁拍打一下，滤去多余涂料，然后略微捻转一下刷子迅速横提到涂刷面上。如果涂料仍要滴落，还可以在容器内边刮一下。对干燥迅速、固体分含量低的涂料，每次蘸料量不要过多，刷毛进入涂料的深度要准确，本着少蘸、快涂的原则进行刷涂。

（2）摊料。将涂料涂敷在被涂物面上，摊涂料时，用力要适中，先向上走刷，耗用刷子背面的涂料；然后再由上向下走刷，耗掉刷子正面的涂料。摊涂料时，各刷之间要留有一定的间隙，间隙的大小要依摊涂料的多少和基层状况而定。一般的物面可以留 5～6 mm 的间隙，不渗入涂料的物面可以留 3 个刷面宽的间隙，渗入涂料的物面可以不留间隙。在平面上摊涂料，不要将涂料一下子都摊到物面上，以免涂料沿边缘流坠。物面的边缘，可以用摊涂时多出的涂料在理料时完成。对渗入涂料多或者不平整、难刷的部位，可以适当地多摊一些涂料。摊好涂料后，用未蘸涂料的刷子，将摊好的涂料横向和斜向刷匀。

（3）理料。用刷子将涂料纵、横反复刷抹至均匀，最后用刷子按一定方向轻轻地涂刷，消除掉刷痕及堆积现象。走刷时切忌中途起落刷子，以免留下刷痕。为了避免接痕，刷涂的各片段在相互连接时最好能经常移动一下位置，不要总在一个部位相接。

摊涂料后，一刷一刷地用刷子顶部轻轻地将涂料上下理顺。

为了使涂膜均匀，理涂料时走刷要平稳，用力要均匀。刷子要与物面垂直，每刷快要结束时，要在走刷的同时逐渐将刷子抬起留下茬口。在木面上应该顺木纹理涂料，垂直面应该由上向下理涂料，水平面应该顺光线照射的方向理涂料。

2. 刷涂注意事项

（1）选择刷涂工具时，要选择前端整齐，手感柔软，无断毛和倒毛的刷涂工具；新刷子应弹松刷毛，清除掉毛。

（2）刷毛浸入涂料部分的长度不应超过毛长的一半。

（3）刷上面时蘸料要少，动作应快捷，薄刷多次，以防流挂；避免涂料液滴落到地面上，蘸有涂料的刷子，要在容器的内表面轻轻地抹一下，以除去多余的涂料。

（4）涂刷的一般规律是从左到右，从上到下，先里后外，先难后易。刷涂木材表面时，最后一次刷涂应顺着木纹方向进行。

（5）涂刷的运行速度应该快慢一致，用力均匀，以保证涂层厚薄均匀。过厚容易产生皱纹，过薄则要露底或影响涂膜外观。

（6）刷子存放时避免将鬃毛压弯。对长期不使用的刷子，要用溶剂彻底洗净、晾干，保存在干燥的地方，最好撒些樟脑粉，以防虫蛀，并用油纸包好；在短时间中断施工时，可把刷子的鬃毛部分垂直悬挂，避免压弯，并浸入溶剂或水中，不让鬃毛露出液面。需要使用时，把溶剂或水甩干净即可。

（7）刷涂时不应来回涂刷次数过多，以防起泡或留下刷痕。

（8）应该保证施工现场干净和适当通风。

3. 刷涂的特点

（1）优点

1）工具简单，使用方便，不受场地与环境条件的限制。

2）应用广泛，适用性强，可刷涂各种形状、各种规格尺寸的制品。

3）涂料利用率高，浪费少。

（2）缺点

1）效率低，消耗工时，劳动强度大。

2）施工卫生条件差，涂饰质量受人为因素影响大，质量不稳定。

## 二、擦涂法

擦涂又称揩涂，是用棉球作工具，蘸取挥发型涂料，多次擦涂制品表面以形成涂膜或达到填充着色等目的的一种涂饰方法。

此法最适用于硝基清漆、虫胶清漆等挥发型涂料的涂饰。因为挥发型涂膜干燥后仍可被溶剂溶解，所以，在已涂过涂料的表面进行揩拭时，涂膜高处被揩平，涂膜低凹处则被填平，可以很快得到平整光滑的涂面。

擦涂法工具简单，通常用纱布（棉布）包住脱脂棉做成。此法全靠手工操作，经验与手法颇为重要。如图 2—40 所示。

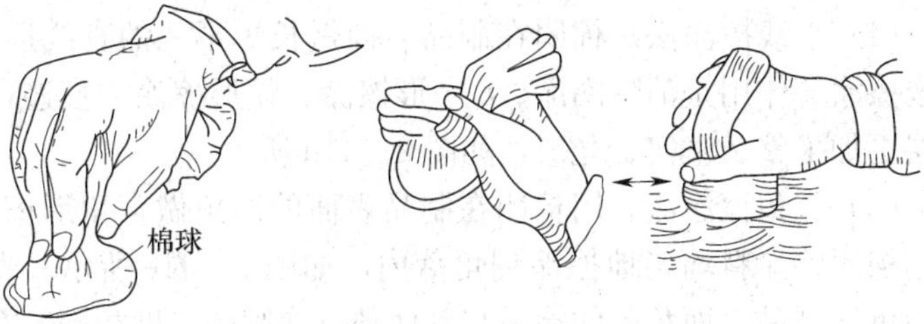


图 2—40　擦涂示意图

擦涂法主要用于涂饰面漆，擦涂能使涂膜结实丰满、厚度均匀、附着力强，常用于高级家具的表面涂饰。

### 1. 常用的擦涂方法

常用的擦涂方法如图 2—41 所示。

（1）螺旋擦涂法。用浸透涂料的棉团，在涂饰面上做圆形或椭圆形的运动，运动的形式有顺时针和逆时针两种。逆时针采用较多，如图 2—41a 所示。

（2）8 字形擦涂法。8 字形横涂，是在涂饰面上擦出连续的相互重叠一半的 8 字形，如图 2—41b 所示。

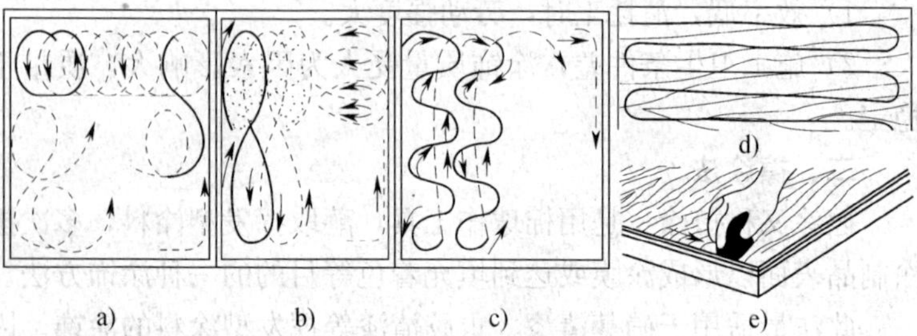


图 2—41　常用的擦涂方法示意图

a）螺旋擦涂法　b）8 字形擦涂法　c）蛇形擦涂法

d）直线擦涂法　e）直角擦涂法

（3）蛇形擦涂法。蛇形擦涂，是在涂饰面上做规则的曲线形擦涂，各行曲线间都相互重叠 1/3 的面积，如图 2—41c 所示。

（4）直线擦涂法。棉团在制品表面做长短不一的直线运动。直线擦涂的作用是消除圈涂、8 字形擦涂、蛇形擦涂的痕迹，使涂层更加平整、坚实、光滑，如图 2—41d 所示。

（5）直角擦涂法。用棉团在制品表面的四角做直角形擦涂，利用棉团将涂料均匀地擦涂到角落内，如图 2—41e 所示。直角擦涂可使制品表面角落的涂膜与其他部位涂膜的厚度相同。在经过圈涂、横涂、直涂后，角落部位往往涂不到或涂膜厚度不够，利用直角擦涂可弥补这一缺点。

在涂饰的时候，可以选择一种方法进行，也可以几种擦涂方法交替进行，由此形成的涂膜平整结实，质量较好。

2. 擦涂的特点

（1）涂膜均匀，填充饱满。

（2）擦涂后的装饰效果和质量均佳，常用于高档木制品表面的涂饰。

（3）效率较低，耗时费力，不适合批量涂饰。一般擦涂木器家具需要二三十次，否则涂膜薄而不光亮。

3. 擦涂操作要点

(1) 涂料的稀释。挥发型涂料的固体分含量由高到低，稀释程度逐渐变大。

(2) 蘸涂料的量。以刚能渗出涂料为好。

(3) 棉球的操作。以圆弧状敏捷地擦涂成连续的涂膜，待涂膜干后，再擦第二道。将此操作反复进行几次，当涂膜平整光滑后，再顺着木纹擦涂，以消除棉球痕迹，进行最终涂饰。棉球在同一部位不应长时间停留，以防溶解涂膜产生斑印。

(4) 用力程度。擦涂棉球的用力大小最难掌握，操作者必须多加练习。一般说来，开始时稍微用力，最后要轻轻擦涂。

(5) 干燥时间。如果在擦涂时发现涂膜软化，则应放置一段时间让它干燥。干燥程度以手指触摸不粘手即可。在涂膜柔软时继续擦涂会引起涂膜剥落。

4. 擦涂的注意事项

(1) 擦涂用的涂料，应以虫胶、硝基等挥发性大的干清漆为宜。

(2) 擦涂用的涂料黏度不宜过高。

(3) 去除表面的浮粉、残液应该在涂膜未干的时候进行。

(4) 擦涂应选用吸附性好的材料，并将初擦与复擦的材料分开，以保证擦涂效果。

**三、刮涂法**

刮涂法示意如图 2—42 所示。

刮涂是利用各种刮刀对黏稠涂料进行厚膜涂饰的方法，一般用来涂布腻子和填孔剂。刮涂腻子时，把腻子刮到被涂物表面的纹孔、洞眼、缝隙中去，使木材表面平整光滑。刮涂法所用的刮刀可以是金属的、木制的或橡胶的，根据其材质和形状不同，分别可用于填孔、补平、塞缝、抹平等作业。

刮涂工具主要有嵌刀、铲刀、牛角刮刀、橡胶刮刀和钢板刮刀等。

图 2—42　刮涂示意图

1. 刮涂的特点

（1）涂层平整光滑，填充效率高，填充效果好。

（2）刮涂分为满刮和局部刮两种，满刮效率高，但是技术要求较高，需具有相当的水平才可操作。

2. 刮涂操作过程

（1）将涂料在工件上以适当的宽度刮涂几次。

（2）把刮上的涂料在一定方向上强力挤压使其厚度均匀一致，以消除涂刮的不均匀处。

（3）修饰表面，将刮刀稍微放平，稍用力挤压，将涂料表面抹平，以消除接缝。

例如，在木材表面刮涂腻子时，先将材料蘸于刮刀刃口处，让刮刀与木材表面呈 35°～45°角，顺木纹方向往返刮涂，不得出现刮棱，平刮完毕后，用刮刀将涂料清除干净。

3. 刮涂操作要点

（1）腻子用稀释剂调节黏度并调和均匀，在刮刀刀口上蘸少许腻子，一边挤压一边刮涂。

（2）刮刀与被涂面的角度最初约保持 45°，随着不断移动，逐渐倾斜，最后约为 15°，此时腻子已基本上刮平。

（3）刮涂时，刮刀尖端用力应均匀，不要左右用力不均，否则易产生接缝式条纹。

4. 刮涂的注意事项

（1）涂料黏度要合适，不能太稠，也不能太稀。

（2）用力要均匀，要有先后顺序。

（3）取料一次不宜太多，保持清洁，减少浪费。

（4）在高低不平的制品表面刮涂时，要以被涂物高处为准刮平整。

**四、辊涂法**

辊涂法示意如图 2—43 所示。

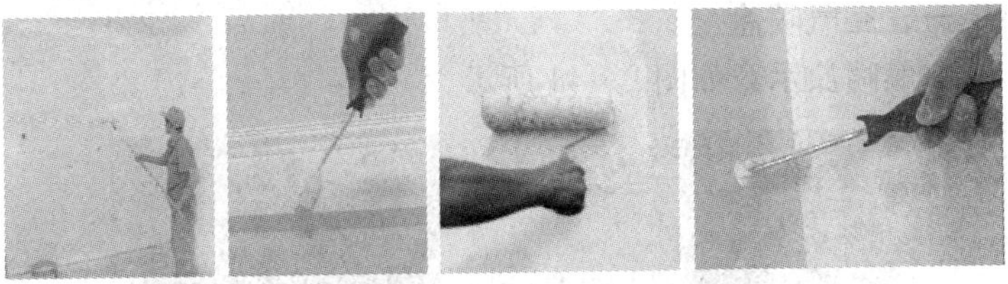

图 2—43　辊涂法示意图

辊涂法是用辊子将涂料辊涂在被涂物表面的涂饰方法，用以替代刷涂法，可提高涂饰效率。辊涂用的辊子是直径不大的空心圆柱体，表层通常用合成纤维或羊毛之类吸附性强的材料制成，大致可分为刷辊、布料辊和花样辊 3 种。最适用于水性乳胶漆大面积涂饰和建筑物的内外墙涂饰，也适用于防锈漆、调和漆的涂饰施工。

1. 辊涂操作步骤

将辊子浸透涂料，先按 W 方式运动将涂料大致涂在基层上，然后用不蘸取涂料液的毛辊紧贴基层上下、左右来回滚动，使涂料液在基层上均匀展开，最后用蘸取涂料液的毛辊按一定方向满辊一遍。阴角及上下口宜采用排笔刷涂找齐。涂刷乳胶漆时应均匀，不能有漏刷、流附等现象。一般应涂刷一遍、打磨一遍。

2. 辊涂的注意事项

（1）在辊刷涂饰时，最初用力要轻，随后逐渐加力，最初用力猛易使涂料滴落。

（2）辊子用后，用木片刮下多余的涂料，并用水充分洗涤，在干燥的布上滚动数次，以除去水分，然后阴干放置。

# 模块三　常用的机械涂饰

## 一、空气喷涂

空气喷涂示意如图 2—44 所示。

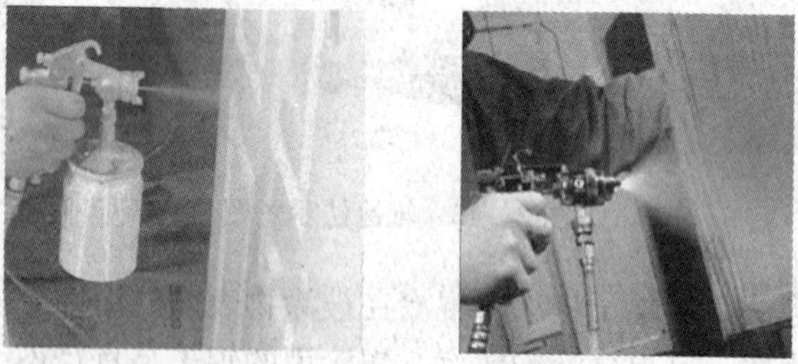

图 2—44　空气喷涂示意图

空气喷涂是目前油漆涂饰施工，特别在家具制品涂饰中采用比较广泛的一种涂饰工艺。

### 1. 空气喷涂设备

空气喷涂所用的设备有喷枪、空气压缩机、储气罐、油水分离器、压力漆桶、喷涂室（柜）和连接软管等。

### 2. 空气喷涂技术要求

（1）涂料的黏度。空气喷涂涂料的黏度一般控制在 12～30 s（涂-4 杯，25℃，下同），具体黏度应根据施工条件（如涂料品种、喷枪种类、底漆、面漆等）试验确定。一般，硝基漆为12～18 s，醇酸漆为 25～30 s，聚氨酯底漆为 16～20 s，聚氨酯面漆为 13～16 s，在不影响质量的前提下，黏度尽量选择高些，以减少喷涂时的涂料雾化损失。黏度过高时，雾化不好，涂层粗糙、不均，易产生橘皮；黏度过低，易产生流挂，一次涂层薄，效率低，溶剂消耗量大。

不同的气候、不同的施工温度条件下，空气喷涂施工涂料黏度调节应有所变化：夏季室温在35℃以上时，溶剂容易挥发，涂料液的黏度应低一些，以14～18 s为宜，否则涂膜的流平性差；冬季室温在17℃左右时，涂膜中溶剂挥发慢，涂料液的黏度应控制在18～25 s范围内，否则容易产生流挂。

(2) 空气压力。空气压力应与涂料黏度相适应，黏度高，压力大。空气压力不应过高，否则会造成强烈雾化，易产生流挂，涂料损失大。

空气压力决定着空气流速和空气量，在涂料喷涂量一定的条件下，空气量决定了喷涂的空气比消耗。空气比消耗是指喷涂单位体积的涂料所消耗压缩空气的数量（$m^3/L$），它除与空气量有关外，也受空气喷嘴断面积的影响，因此说，喷涂时空气比的消耗是影响喷雾程度的最主要的因素。一般说，空气比消耗越高，涂料雾化越细，越有利于提高喷涂质量，但同时也会增加涂料的雾化损失。

在喷涂施工时，压缩空气压力不能波动，必须控制在一定的范围内。生产中空气压力常为0.4～0.6 MPa，底漆可低些（0.3～0.5 MPa），面漆应高些（0.5～0.7 MPa）。

喷涂气压过低（低于0.2 MPa），则涂料液雾化不充分，涂膜不均匀，喷涂质量不好，容易产生喷涂不均、花色等缺陷；喷涂气压过高时，涂料液雾化好，但雾化速度过快，涂料损耗加大，易产生流挂，且高压气流喷到未固化的涂膜上，容易产生凹坑和细小的气泡等涂膜缺陷。

(3) 喷涂距离。喷涂距离是指喷枪的喷嘴到被喷涂表面的垂直距离，它对喷涂的质量和涂料损耗都有明显影响。距离过远，涂层流平性差，表面易起橘皮、颗粒，涂料损失大，涂膜薄，甚至使涂膜失光。距离过近，喷涂射流宽度减少，影响喷涂效率，易产生流挂、起皱，表面不均匀，颜色不均，涂料微粒反弹强烈，涂饰质量差。如图 2—45 所示。

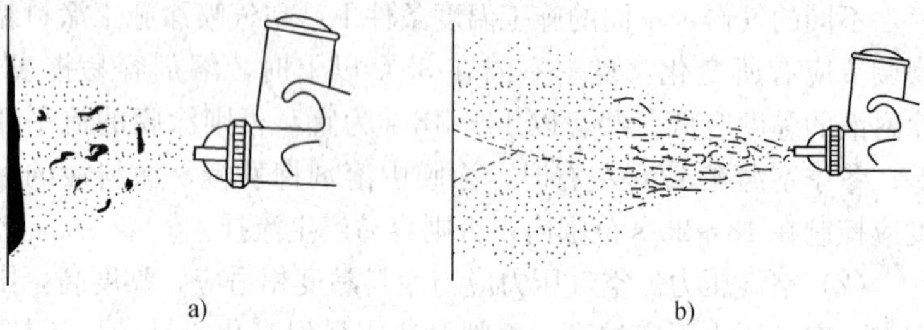

图 2—45　喷涂距离的远近对喷涂质量的影响

a）喷涂距离过近　b）喷涂距离过远

一般，大口径（$\phi$1.8～2.0 mm）喷枪，喷涂距离为 20～30 cm；小口径（$\phi$1.3～1.5 mm）喷枪，喷涂距离为 15～25 cm。喷涂距离应根据产品形状、尺寸、涂料黏度、喷枪的类型以及操作工人的技术水平、熟练程度及试验而定。

（4）运枪方式。运枪方式包括喷枪对被喷涂表面的角度、喷枪运行速度和喷涂搭接等。喷涂时，喷枪喷嘴应对喷涂表面始终垂直，若有倾斜，其倾斜角度不应小于 75°，并且应平行运行，以保证涂膜厚薄均匀。喷枪运行要始终平行于基材表面，不能以扇形运枪，否则涂膜厚度不均。如图 2—46 所示。喷枪运行速度要保持均匀，其运行速度决定于枪型和喷涂量，一般在 0.3～1.0 m/s 范围内调整。

在喷涂过程中，第一条涂痕和第二条涂痕的边缘要有一部分重叠，称为喷涂搭接。喷涂的涂痕，其横断面上的厚度是不均匀的，中间部分较厚，向两边逐渐变薄，到边缘为零，因此，喷枪的横向移动距离将影响涂层的均匀程度。一般两条纵向涂痕之间搭接的断面宽度为 1/4～1/3，在喷涂距离与运行速度等固定的条件下，每次喷涂搭接宽度应该固定不变，否则涂膜不均匀，也可能产生喷涂条纹和斑痕。如图 2—47 所示。

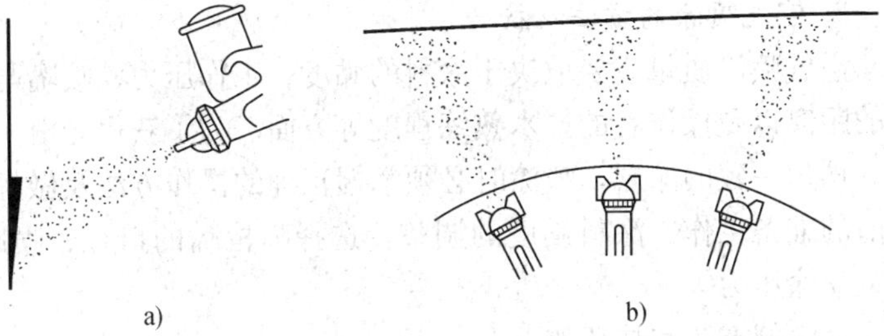


图 2—46　运枪方式

a）倾斜运枪　b）扇形运枪

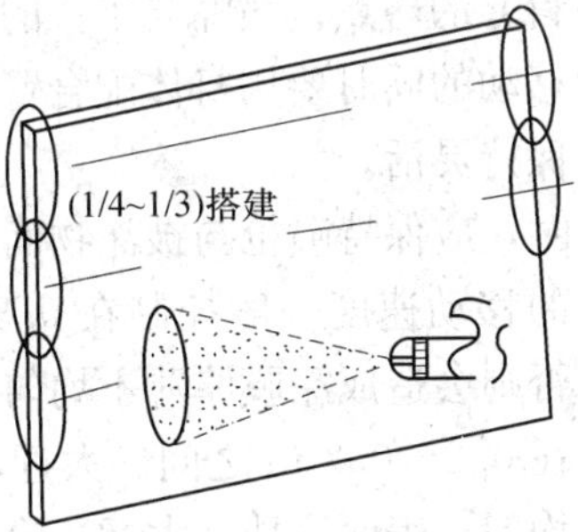


图 2—47　喷涂搭接

为获得均匀的涂层，在一个表面上喷涂第二遍时，应与前一遍喷涂的涂层纵横交叉，即一横一竖，纵横一次称为“一道”或“一度”，加一次为半度。用度来衡量涂膜的厚度。

（5）风速。在喷涂施工时，喷房内风速必须加以控制，以 0.3～0.5 m/s 为宜。空气的流动方向应从上向下，即新鲜洁净气流流过施工区域随同涂料雾一起由底部抽走。如果空气流速过高，则涂料雾在工件上的附着量减少，涂料液损耗加大，同时，风速高也加快了涂膜中溶剂的挥发，使涂膜流平性差，容易产生橘皮等涂饰缺陷；空气流速太低，则起不到通风换气的作用，影响溶剂挥发，造成环境的污染。

3. 空气喷涂的方法及技巧

空气喷涂质量主要取决于涂料的黏度、工作压力、喷嘴与工件的距离以及操作者的技术熟练程度等方面。为了获得光滑、平整、均匀一致的涂层，喷涂时必须掌握正确的操作方法及做好喷涂前的准备工作：涂料黏度的调整，选择喷枪嘴的口径、喷距，确定喷涂压力等。

喷涂的方法和技巧如下：

（1）用无名指和小指轻轻握住枪柄，食指和中指勾住扳机，枪柄夹在虎口中；喷涂时，眼睛视线随着喷枪移动，随时注意涂膜形成的状况和涂料雾的落点。喷嘴与工件的喷射距离和垂直度由身体控制，喷枪移动的同时要用身体配合臂膀的移动，不可移动手腕，但手腕要保持灵活。

（2）喷枪运行时，应保持喷枪与被涂物面成垂直，并一直保持平行运枪。喷枪的移动速度一般控制在 0.3～0.6 m/s，并尽量保持匀速运动，否则会造成涂膜厚薄不均匀的现象。喷枪距离被涂物面的距离应在 0.2～0.3 m 之间。太近，涂膜易出现厚薄不匀，干燥速度不均匀，表面流挂；太远，涂料的溶剂在雾中大量挥发，易引起橘皮现象。

（3）喷涂操作时，每一喷涂幅度的边缘，应当在前面已经喷好的幅度边缘上重叠 1/4～1/2（即两条涂痕之间搭接的断面宽度或面积），且搭接的宽度应保持一致，否则涂膜厚度不均匀，有时可能产生条纹或斑痕。在进行多道重复喷涂时，喷枪的移动方向应与前一道的喷涂方向相互垂直，这样可使涂层更均匀。

（4）每次喷涂时，应在喷枪移动时开启喷枪扳机，同样，也应在喷枪移动时关闭喷枪扳机，否则容易在喷涂的零部件表面漏涂或过量喷涂。

4. 空气喷涂中常见问题的解决

在实际涂饰中，空气喷涂常常出现一些喷涂缺陷，如果不及时纠正，将会影响喷涂质量。

（1）在喷涂时，如果喷雾雾化过多，会使零部件表面的涂料液附着量降低。这主要是空气压力过大，而涂料液输出量不足所致，此时应适当降低空气压力，增大涂料液的输送量。

（2）喷涂时喷射量不足，喷枪工作中断。这主要是空气压力过小，此时应适当增大空气压力。

（3）喷雾的密度不均匀或喷涂时断时续。这主要是喷嘴的通气孔或喷涂孔阻塞，或涂料液已用完，此时只需简单清洗喷嘴或添加涂料液即可恢复正常喷涂。

（4）开始喷涂时出现飞沫现象。主要原因是喷枪顶针没有越过开放的空气道所致，此时，调整顶针末端的螺母，使顶针越过空气道即可。

（5）喷枪只能喷射出圆形雾流，无法调成扁形雾流。这主要是喷嘴上的出气孔阻塞所致。清洗出气孔就可调整成扁形雾流。

（6）涂料液从喷嘴端渗出。这主要是喷枪阻塞或顶针封闭不严、喷嘴有磨损或拧不紧所致。应清洗喷嘴或拧紧喷嘴，若损坏应更换新的喷嘴。

## 二、高压无气喷涂

高压无气喷涂示意如图 2—48 所示。

图 2—48　高压无气喷涂示意图

### 1. 无气喷涂装置

高压无气喷涂装置主要包括动力源、高压泵、蓄压器、过滤器、漆桶、输漆管和喷枪。如图 2—49 所示。

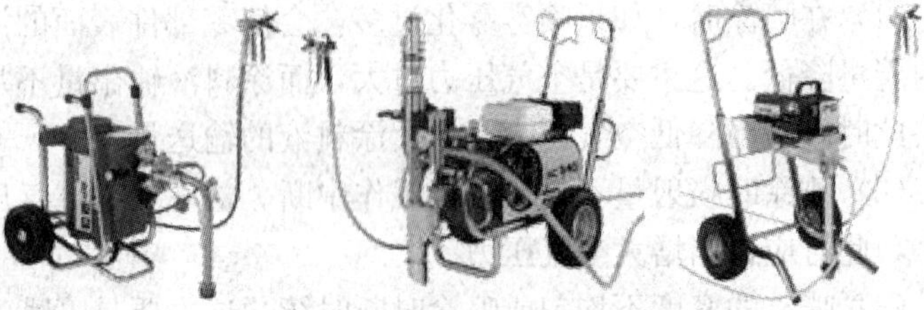

图 2—49　高压无气喷涂机举例

2. 无气喷涂工艺

（1）涂料黏度。应与涂料压力相适应。

（2）涂料压力。一般，涂料压力与涂料喷涂量成比例，并对喷涂形状影响较大。涂料压力低，喷涂形状不正常；涂料压力高，易流挂。若提高喷涂量需更换喷嘴，而不应单纯提高压力。

（3）喷枪移动速度。以 0.4～0.8 m/s 为宜，它决定着涂层厚度与均匀性。移动速度的选择应根据喷嘴和具体喷涂条件而定。

（4）喷涂距离。比空气喷涂稍远些，一般为 300～500 mm。搭接幅度可小些，仅搭接上即可。喷涂室风速过大或有风处会改变喷涂形状，风速一般以 0.3 m/s 为宜。

## 习　　题

1. 简要说明油刷的保管方法。
2. 简要说明排笔、铲刀、刮刀的用途及使用方法。
3. 合梯使用时应注意哪些方面？
4. 刷涂法、擦涂法、刮涂法的操作要点是什么？
5. 辊涂法的注意事项包括哪些内容？
6. 详细说明空气喷涂操作的技术要点。

# 第三单元　油漆施工要求

**学习要点**

- 掌握油漆施工的基本要求和施工前的准备工作。
- 掌握油漆施工的工艺过程。

## 模块一　油漆施工的基本要求

用涂料涂饰制品表面以获得优质的漆膜，这是一个很复杂的过程，为了达到满意的涂饰效果，不仅要考虑基材表面的性质、油漆涂料的性能，还应考虑涂饰施工工艺过程，因为基材表面的性质特点、涂料品种与性能、合适的涂饰工艺过程及施工环境、施工条件是互相影响、互相制约的。为保证优质的涂层质量，对油漆施工有如下基本要求。

**一、合理的工序搭接**

涂饰工程应在抹灰、吊顶、细部、地面及电气工程等已完成并验收合格后进行。工序搭接不合理会影响涂饰工程的质量，甚至造成返工。不同的施工环境有不同的施工工序，但要求搭接合理。

**二、充分了解基材表面性质**

装饰装修中，对不同涂饰表面的性质充分了解并进行合理控制，才能保证后续涂饰工序的顺利进行。如混凝土或抹灰基层涂刷溶剂型涂料时，含水率不得大于8%；涂刷水性涂料时，含水率不得大于10%；木质基层含水率不得大于12%。下面进行详细介绍。

1. 建筑墙面涂饰

对建筑墙面的涂饰表面最基本的要求是干燥、牢固、清洁。

基层表面必须干燥：水泥墙面至少保养1个月（冬季7周），施涂水性和乳液涂料时，基层含水率应在10%以下；施涂油漆等溶剂型涂料时，要求基层含水率低于8%，并且墙面无渗水、裂缝等结构问题。

基层表面必须牢固、坚实：无疏松、粉化、脱皮、起鼓等现象，没有粉化松脱物，旧墙面没有松动的漆皮。

基层表面必须清洁：没有泥土、灰尘、油污、霉点和其他黏附物。

2. 木材表面涂饰

木材与其他涂饰基材如金属、水泥、塑料、玻璃等差别较大，虽然历史上涂饰技术几乎是从木材涂饰开始的，人类积累的木材涂饰经验也最丰富，但是由于木材具有不同于其他涂饰基材的特殊性质而使其涂饰技术难度仍然较大。

（1）木材的特性表现在其具有一系列可变性，包括密度、耐久性、尺寸稳定性和吸收性等。木材结构不均匀，具有各向异性、多孔、含水、易干缩湿胀、易腐朽变色等特性，暴露在阳光、风、雨下极易劣化。木材的这些特性对施工过程以及对固化后的漆膜都会产生影响，如，木材的尺寸稳定性受潮湿空气的影响。若木材过度收缩，会引起涂膜开裂，特别是在连接处、树脂区等部位；在空隙较大的木材表面涂刷，会产生底漆渗陷，除底漆用量大大增加外，会产生严重的失光现象和表面不均匀性等。此外，木材具有天然的纹理和花纹，为了表现其特有质感，要通过不同的涂饰方法将它的木纹、图案、色彩、触感等自然美强调表现出来。

（2）优质大径级名贵木材已近枯竭，而小径级低质木材广泛使用。因此，需对历来用于优质木材的涂饰方法进行工艺调整，以适应小径级低质木材、各种人造板（如胶合板、刨花板、纤维板等）的涂饰，这无疑增加了涂饰的难度。

## 三、正确合理使用油漆涂料

涂料的性能是靠涂层体现出来的，要完成好涂饰工作，必须正确合理地使用油漆涂料。在选用涂料时应注意以下问题：

### 1. 结合产品设计要求选择涂料

如产品质量要求高，选用树脂漆，普通质量要求产品选用油性漆；显孔涂饰选用硝基漆；漆膜强度要求高选用聚酯漆；亚光涂饰选用亚光漆，亮光涂饰选用亮光漆。

### 2. 根据产品使用环境条件选择涂料

不同基材所处的具体环境条件有很大差别，如用于室内与室外，环境干燥与潮湿等。同是室内或室外使用的产品，由于对保护性和装饰性要求不同，选择的涂料也不一样。

### 3. 明确施工目的，认真分析涂料性能和用途

由于每一个涂料品种都有它特殊的性能和优缺点，选择涂料时应注意扬长避短，正确选择涂料的品种。

### 4. 根据配套性要求选用涂料

涂料的配套性是指底材和涂料以及各层涂料之间的适应性。需要注意 4 个方面的内容：

（1）涂料和底材之间的配套。

（2）各涂层之间涂料的配套，如底漆、腻子、中间层、面漆之间的配套。

（3）涂料与施工方法之间的配套。

（4）涂料与辅助材料之间的配套，如每个涂料品种均有各自特定的稀释剂等。

### 5. 选用涂料要考虑经济因素

面对竞争日益激烈的市场，应努力降低成本，在满足漆膜质量的前提下，选择物美价廉、性价比高的涂料。

6. 要了解使用的涂料对基层的要求

包括材质特性、坚实程度、附着能力、清洁程度、干燥程度、平整度、酸碱度（pH 值）、腻子类型等，并按要求对基层进行处理。

7. 注意涂料黏度的调整

需根据涂料性能和施工季节、温度、湿度、施工方法等情况调整涂料黏度。一般手工刷涂时涂料较稠，机械喷涂时涂料较稀。涂料调配应由专人负责，不可随意加稀释剂和水。

## 四、适宜的施工条件

施工过程中，环境条件对形成优质漆膜影响很大。良好的环境条件应光线明亮、照度均匀、温湿度适宜、空气清洁、通风良好、换气适当，并有防火、防爆、防毒措施。

1. 采光

涂饰场地应有良好的采光，保证工作区适当的照明度，为增加辨色能力，应尽可能自然采光。

2. 温度

涂饰时温度过高或过低都有可能造成涂饰缺陷。温度过低，涂层干燥减慢，影响施工进度。同时低温使涂料黏度增大，湿涂层流平性不好，影响成膜质量。温度低于 5℃时，有些涂料难以固化成膜。温度过高，涂层干燥时间短，喷涂施工时溶剂挥发过快，影响涂层的流平性。基材表面温度低于环境温度时，涂料容易结露，一般基材表面温度应高出环境温度 1～2℃。

3. 湿度

涂饰时适宜的空气相对湿度为 45%～65%。空气湿度过高对大多数涂料固化都不利，尤其是涂饰硝基漆、聚氨酯漆时。当空气相对湿度超过 70%时，涂层会出现许多缺陷，不仅干燥缓慢，而且容易白化、失光。

适宜的温湿度条件是 20～25℃，相对湿度不超过 70%，尽量避免在低温高湿条件下施工。

4. 空气清洁

空气质量好坏是影响漆膜外观质量的最关键因素。灰尘落在湿涂层表面被黏附产生颗粒，造成漆膜粗糙，表面缺少光泽，这对漆膜表面质量会产生极为不利的影响。所以对涂饰作业区环境质量必须加以控制，尽量减少灰尘量，尤其应严格控制干燥区环境的空气质量。

5. 通风与换气

涂饰过程中，一些工序会产生大量粉尘或漆雾，湿涂层干燥的过程中也会不断向外蒸发溶剂蒸气或水蒸气，这些粉尘、漆雾和蒸气若不及时排除，就会影响涂饰质量，减缓涂层干燥速度，造成安全隐患。施工场所及时排除不洁净的空气，补充新鲜空气，这是涂层干燥的需要，同时也是卫生安全的要求。

为了防止产生涂饰缺陷，通风量不宜过大，一般风速为0.2～0.3 m/s，否则会影响涂饰质量，增大涂料损耗。

**五、加强涂饰过程管理，严格监控涂饰质量**

根据被涂物的使用条件和使用环境，利用合适的方法对被涂物进行严格的表面处理，使之达到工艺规程要求的技术指标。对涂饰过程中和最终涂层性能的检测中查出的缺陷应及时处理，并采取相应的措施进行补救，以保证涂层质量。

涂饰质量的检测包括涂饰前基材处理质量的检测、涂料自身质量的检测、涂饰施工过程中各工序的质量监控以及涂饰完成后涂膜质量的检测。应对涂饰作业中的每一个重要环节进行监测，以控制涂饰质量，使之达到规定的标准（见附录）。

# 模块二　油漆施工前的准备工作

在涂饰施工前首先要对被涂物的表面状况、涂料品质做到心中有数，避免施工完毕后，才发现质量不符合工艺规定，造成返工浪费。涂料产品不同于其他消费品，即便已由生产厂家生产出来，也只是一种半成品，只有在它被刷到墙上或者器物表面后，涂料才完成了商品的整个转化过程。油漆施工前的准备工作十分重要，本模块从不同基材的表面处理，涂料性能检查及处理，腻子、填孔剂及着色剂的调配及使用等几个方面进行阐述。

**一、不同基材的表面处理**

油漆施工前准备工作的第一步就是基材的表面处理。对基材表面处理主要是为了得到平整光滑、颜色均匀的表面。基材表面状态不仅影响漆膜外观，而且影响漆膜的牢固性、耐久性，还影响到涂料干燥的快慢及涂料消耗的多少。基材处理不好，即使有再好的涂料，再高的涂漆技术，涂饰效果也不会很好。

基材表面预处理是指在涂漆前对基底进行的一系列处理，使其符合涂漆标准。正确进行表面预处理，能起到增强附着力，提高整个涂饰体系的保护能力，延长其使用期限等作用。施工中常见的基材有木材、金属、水泥砂浆及混凝土基层等，下面介绍不同基材的表面处理工作。

1. 木材基材的表面处理

（1）木材的干燥。木质基材上对涂料附着力影响最大的是木材表面的湿度。油漆施工前必须对木材的含水率进行严格控制。在涂漆或封闭处理前用湿度计测量木材的含水率，一般室外用木材的含水率要求小于9%～14%，室内用木材的含水率要求小于5%～10%，地板用木材的含水率要求小于6%～9%。

（2）木材的基材处理。基材处理也称材面整修，是木材涂饰之前进行表面处理的重要环节。木材材面的好坏关系到80%以上的涂饰效果。过去，木材行业流行“三分木工七分油工”，现在，涂料行业则流行“三分油漆七分木材”，强调只有木材材面修整良好时，才能够用最少的涂料、最薄的漆膜，获得最佳的涂饰效果，改变了从前依赖涂饰底漆、面漆来弥补和掩盖基材整修不良的做法。就是说，一定要重视涂饰之前的基材处理，只有做好基材处理工作，涂饰才能获得良好的效果。

涂饰前的基材应平整、干净、无缺陷、颜色均匀、不含树脂等。

1）表面清洁（去污）。木材表面经常存在脏污问题，如白坯木制品或零部件在生产、运输与储存过程中，表面会落许多灰尘，用砂纸或砂带研磨时，也会积存大量磨屑。另外，木制品在加工过程中难免沾污一些油脂、胶迹，特别是榫接合的胶接处、表面胶贴装饰薄木的拼缝处、单板封边的边部，会有挤出而未被刮净的胶。所有这些脏污的物质，如不清除将会影响涂饰着色的均匀性和涂层的固化与涂膜的附着力，也会影响木纹的清晰程度，特别是需要刮腻子的裂缝、洞孔处的灰尘、磨屑必须清除掉，否则影响腻子的附着力。

表面或管孔内的灰尘磨屑可用压缩空气吹除，也可用扫帚、鬃刷扫除。此外，可用 1# 砂纸或（3/2）# 木砂纸打磨去除，若磨不掉可用精刨将表面刨净。不要先用湿布去擦，以免灰尘积在木纹之间，使表面变得灰暗无光泽、木纹不清晰。木材表面的油脂、胶迹可用温水、热肥皂水、碱水清洗，也可用酒精、汽油或其他溶剂擦拭溶解。当用碱水或肥皂水清洗后，还应用清水洗刷一次，以防止碱污染，干后用砂纸打磨干净。也可用玻璃、刨刀、刮刀等刮除表面的黏附物，然后再用细砂纸顺木纹方向磨平。

2）去脂。针叶材（如红松）所含树脂在涂漆前必须去除，这类木材的节子部位往往聚积了大量树脂。树脂中所含的松节油等成分会引起油性漆固化不良、染色不均，并降低漆膜的附着力。去除树脂可采取挖补填木、溶剂溶解、碱液洗涤、漆膜封闭与加热铲除等方法。

3）漂白（脱色）。木材在储存、加工、运输等环节中容易接触各种污染源，如铁污染、酸污染、碱污染、菌污染等而发生变色。木材漂白的目的就在于使木材颜色变浅，使制品或零部件表面色泽均匀，消除污染色斑，再经过涂饰可渲染木材高雅美观的天然质感与显现着色填充的色彩效果。漂白并不是指把木材漂成纸一样白，所以准确地讲应称为木材脱色。它不但用于浅色和本色涂饰，对于深色涂饰也能增加着色效果，经过漂白可以增强木材表面特有的质感或者显出着色填充的色彩效果，减少材面各部分颜色深浅差异。这样做虽然增加了工时与材料消耗，但会大大提高装饰质量，因此，对高档家具基材可进行漂白处理。

针对不同的污染原因，需采取不同的漂白对策。应用较多的漂白剂与助剂有双氧水、草酸、亚硫酸氢钠、碳酸钠、高锰酸钾、氨水等，这些化学试剂配成适当的浓度作为漂白剂涂到木材表面，待木材表面颜色变浅后用清水洗净即可。

4）表面嵌补。表面嵌补是针对天然木材虫眼、节疤、裂纹、缝隙以及局部凹陷和机械加工原因产生的钉眼、榫孔、钝棱等，在涂饰之前用腻子进行局部填补的过程。如不处理，这些缺陷处会吸收许多涂料，造成浪费，还会使涂层不平整，影响涂饰质量。以腻子填平木材的缺陷，可防止涂料大量下渗，有效地提高装饰效果，节省涂料。但是传统腻子对木纹都有一定的遮盖力，为此，涂饰工作者近年来研制出了透明腻子，这样既发挥了腻子的作用，又解决了腻子破坏木纹清晰度的问题。

5）基材砂光与去木毛

①基材砂光。基材砂光就是用砂纸、砂布或砂带手工或机械研磨木材表面，目的是为了清除基材表面的不平与污迹，以获得平滑的涂饰基础。研磨时应顺纤维方向进行，横纤维方向研磨会损伤木材基面，留下较深的划痕（即砂纸道子），影响涂饰效果。砂纸粒度的选择要根据材质硬度、木材表面粗糙度和研磨次数来决定。一般先用粗砂纸完成研磨量的大部分，再用细砂纸研磨，消除粗砂纸的磨痕及完成剩余的研磨量。

②去木毛。木毛是指木材表面遇湿膨胀竖起的一些细微的木纤维。木材和胶合板在涂漆前应用精刨刨过，而后砂磨，但这样

难以完全去除木毛。比较传统的办法是在制成品上敷上热毛巾将木毛一面浸湿，待其干燥后木毛立起，再打磨可去除木毛。另一个办法是在木器表面涂上一层固体分含量很低的快干清漆，如虫胶漆或稀释的硝基清漆，待清漆干燥后木毛立起，然后砂磨，即可除去木毛。去木毛这道工序可使染色均匀，漆膜平整，也称漆固涂饰技术，经生产实践证明，这项操作对提高涂饰质量极为有利。稀薄的油性漆、虫胶漆、硝基漆、聚氨酯漆均可以用来封闭基材，去除木毛。其中，聚氨酯底漆（聚氨酯封闭漆）是性能和效果最好的。

去木毛时应注意：用来封闭基材的各类涂料，使用时需用与其配套的稀释剂调成较低的固体分含量（一般为 7%～10%）的溶液，因此黏度一般较低，约 10 s（涂-4 杯，25℃）。如果固体分含量高、黏度大，则漆渗透性差，可能阻碍填孔，且与上层涂料附着性差，容易剥离，起不到固化基材的作用。对一般小管孔材，固体分含量为 7%；对大管孔材，固体分含量为 10%。另外，研磨时，须顺木纹方向轻磨至涂膜消光即可，不可研磨过度，否则可能会产生新的木毛。

2. 金属基材的表面处理工作

对金属表面的基本要求是干燥，无灰尘、油污、锈斑、鳞皮、焊渣、毛刺等。主要有以下几种处理方法。

（1）手工处理。采用砂布、刮刀、锤凿、钢丝刷、废砂轮等工具，通过手工打磨和敲、铲、刷、扫等方法，除去金属表面的锈垢和氧化皮，再用汽油或松香水清洗，将所有的油污擦洗干净。

（2）机械处理。用压缩空气喷砂、喷丸等方法，以冲击和摩擦等作用除去锈斑、氧化皮、铸型砂等，也可用打磨机、针束除锈机、风动砂轮除锈机来除去氧化皮和锈斑。

（3）化学处理。通过各种配方的酸性溶液，如用 15%～20%的工业硫酸和 80%～85%的清水，配成稀硫酸溶液，将物件浸于其中10～12 min，至彻底除锈为止。然后取出用清水冲洗干净，晾干待用。除浸渍酸洗法外，也可将除锈剂涂刷在金属表面进行除锈。

对于铝、镁合金制品，可用皂液消除物面灰尘、油腻等污物，再用清水冲净，然后用磷酸溶液涂刷一遍，过2 min后，轻轻用刷子刷一遍，再用水冲洗干净。

3. 水泥墙面的表面处理工作

（1）清理、除污。对于基层表面的灰浆、浮尘，可用扫帚、排笔清扫；对于黏附于墙面的砂浆、杂物以及凸起明显的尖棱、鼓包，要用铲刀等铲除或用手砂轮打磨；对于油污、脱模剂，要先用5%～10%浓度的火碱水清洗，然后用清水洗净；对于析盐、泛碱的基层可先用3%的草酸溶液清洗，然后再用清水清洗。基层的疏松、起皮部分也必须去掉。

（2）修补、找平。在已经清理干净的基层上，对基层的不平整、不垂直处大多采用刮批腻子的方法修补、找平。为增加腻子与基层的附着力，要先用4%的聚乙烯醇溶液，或30%的107胶液，或20%的乳液水喷刷于基层，晾干后刮批大白腻子、石膏腻子或821腻子。若腻子层太厚，应分层刮批，干燥后用砂纸打磨平整，并将表面粉尘及时清扫干净。饰面采用耐擦涂料，对有防水防潮要求的房间，如厨房、厕所、浴室等，则应采用相应强度高、耐水性好的腻子。

（3）防潮处理。一般采用涂刷防潮涂层的办法进行防潮处理，但需注意以不影响饰面涂层的黏附和涂饰质量为准。一般居室的墙面多不做防潮处理，防潮处理主要用于厨房、厕所、浴室的墙面及地下室等。防潮涂料涂刷时不允许漏喷漏刷，并注意石膏板顶端也需做相应的防潮处理。

（4）满足涂料对基层含水率的要求。涂料对基层含水率的要求较严格，通常抹灰基层均要经过一段时间的干燥，一般采用自然干燥法。经验证明，新抹灰面要达到含水率小于8%的充分干燥要求，须经过半年以上的时间。对于一般水性涂料要达到含水率小于10%的要求，夏季需7～10天，冬季则需10～15天以上。

## 二、涂料性能检查及处理

使用者在选取涂料样品时，根据产品说明书，将自己测定的指标与说明书上的指标相对照，用以确定该产品是否合格，是否为假冒伪劣产品。

### 1. 目测涂料状态

观察涂料是否有结皮、胶凝、分层、沉淀等情况，有条件的使用者，可按照GB 6753.3—1986的规定测定涂料的储存稳定性。

（1）结皮。观察结皮的程度，如有结皮，则沿容器内壁剥离除去。结皮层已无法使用，下层涂料可继续使用，使用时应搅拌均匀。除去结皮的涂料要尽快用完，否则放置一段时间，又会有结皮产生，甚至报废。

（2）胶凝。色漆和清漆出现胶凝现象，可直接搅拌或加溶剂搅拌，用时需过滤。若不能分离成正常状态，则涂料报废。

（3）分层、沉淀。涂料经长期存放，可能会出现分层现象，溶剂和树脂浮于上层，颜料沉淀在下层，检查时可用一棒状物，插向涂料桶，若可插至桶底，说明沉淀是松散的，可混匀再使用。若无法插到桶底，用刮铲从容器底部铲起沉淀，研碎后，再把流动介质倒回原桶中，充分混合。如按此法操作，仍无法混合，仍有干结沉淀，涂料只能报废。

### 2. 涂料的颜色和外观

对清漆的要求是清澈透明，没有杂质和沉淀物，目测即可，要求透明、饱满、不混浊。色漆是含有颜色的胶粒体，起装饰作用，颜色分红、黄、蓝、白、黑等几种，可配成几百种不同深浅的复色漆。对色漆的要求是颜色一致，不允许颜色有深有浅。检查色漆的颜色，通常是用肉眼观察，可与生产厂家提供的标准色板进行比较，应符合指定的色差范围。

3. 涂料黏度的调整

控制涂料的黏度使其合乎使用要求。涂料黏度直接影响施工性能，漆膜的流平性、流挂性。要按照不同施工要求，用适合的稀释剂调整涂料黏度，以达到刷涂，以及有气、无气喷涂所需的不同黏度指标。

4. 涂料的净化过滤

不论使用何种涂料，在使用前都必须用过滤器滤去杂质。因为涂料经长时间储存，难免包装桶密闭不严，进入杂质或进入空气而出现结皮现象等。小批量施工时，通常采用手工过滤方式，可采用 80～200 目铜丝网筛制作的金属漏斗；大批量涂料的过滤可采用机械过滤方式，即采用将涂料压送经过金属网或其他过滤介质的方法，滤去杂质。

## 三、腻子、填孔剂及着色剂的调配及使用

1. 腻子

腻子由黏结剂和体质颜料调配而成。在透明涂饰时，为了使腻子与着色色调一致，需加入少量的着色颜料。根据黏结剂的种类不同，腻子可分为水性腻子、胶性腻子、油性腻子、硝基腻子和聚酯腻子。黏结剂一般有猪血、熟桐油、清漆、合成树脂溶液、乳液及水等。体质颜料多用碳酸钙（大白粉、双飞粉、老粉）、硫酸钙（石膏粉）、硅酸镁（滑石粉）等。着色颜料多用氧化铁红（$Fe_2O_3$，天然的称为红土）、氧化铁黄（$Fe_2O_3 \cdot H_2O$，天然的称为黄土）、炭黑等。腻子中所用着色颜料与填孔着色的色调相同或略浅一点，最好能与填孔着色用的着色剂相同。

2. 填孔剂

通过填孔处理，可以填平木材表面管孔，防止漆液向管孔内渗陷，并在木材填孔的同时进行着色，使木质基材表面的木纹清晰显现。

填孔剂也称填孔漆（各种成膜物质），生产当中自行调配，

其组成与腻子类似，但黏度要比腻子小。填孔剂由填料、黏结剂、着色材料和稀释剂组成。其中填料是主要组成部分，常用体质颜料有碳酸钙、滑石粉、石膏粉、重晶石粉等；黏结剂的作用是黏结填料，增强其附着力，常用的有水、胶、油性漆和各种合成树脂漆等；稀释剂用于调节填孔剂的黏度，使之达到施工要求，常用的有水、溶剂汽油和松节油等。稀释剂应与黏结剂配合使用，如油性漆多用松香水，各种合成树脂用各自的稀料，胶用水等。着色材料的作用在于填孔的同时着色或做底色，主要是用做着色颜料、染料及色漆等。

3. 着色剂

着色剂是指透明涂饰时为木材和涂层着色使用的材料。着色剂一般由着色材料和调配材料两大部分组成。着色材料主要有颜料和染料，调配材料有水、有机溶剂、油及各种漆。着色剂主要包括颜料着色剂、染料着色剂和色浆着色剂等品种。

（1）染料着色与颜料着色的方法。染料着色的方法有刷涂、擦涂、喷涂、淋涂、辊涂和浸涂等。颜料着色的方法有擦涂、刮涂和辊涂等。颜料和染料也可同时使用，调配成混合着色剂。

（2）着色过程。着色的全过程分为 3 个阶段，即涂底色（基材着色）、中着色或中修色（涂层着色）和修色（拼色）。

1）涂底色。涂好底色将为整个制品的外观色泽奠定基调。

2）中着色或中修色（涂层着色）。中着色或中修色（涂层着色）是对底色的加强与修正。是在底色基础上涂底漆，在底漆干透的涂层上涂饰各种染料溶液，或者在每个中间涂层的漆中放入相应的染料进行涂层着色。涂层着色只能用染料着色剂，染料着色剂颜色鲜明艳丽，因此用其对涂层着色可进一步加强色调，完善着色过程，提高涂饰质量。

3）修色（拼色）。修色是指一件制品经过涂底色和涂层着色之后，涂层表面可能还会出现局部色调深浅不均匀的现象，或一批板件中有个别颜色不均匀的现象，此时需经过修色操作使色调均匀一致。修色也包括对颜色不均匀的木材进行色差调整。

拼色注意事项：

①拼色是针对某个部位所产生的色差进行快速修正，被修补着色的涂膜需干燥快，显色明显，这就要求黏结着色颜料（染料）的树脂黏合剂具有快干性。目前大多选用硝基清漆和虫胶清漆，调配时加入较多稀释溶剂，以使拼色作业只改变色差而不增加涂膜厚度，不影响拼色部位的厚度和光泽。

②拼色时手腕要灵活，用力要轻而均匀，蘸漆量要少。颜料（染料）量宜少、拼色时应采用多层补色，逐步加深的渐进方法，避免由于拼色不当而出现新的色差。

③拼色时应在自然光线下对照样板，不宜在强烈阳光下或灯光下对照样板。

# 模块三　油漆施工的工艺过程

基材表面的漆膜具有一定的厚度，通常是由多道性能、作用不同的底漆、面漆涂层构成。为使基材表面漆膜显得丰满厚实，经久耐磨，涂漆必须达到足够的厚度，但足够厚度的涂层不能通过一次涂漆来完成，因为这样容易造成涂层流挂，内应力大，常导致漆膜起皱、光泽不均等。另外，涂层也并不是越厚越好，因为涂层过厚，不仅浪费涂料与工时，而且漆膜脆性大，韧性降低，不能承受剧烈的温度变化，容易开裂。所以，为兼顾漆膜的保护与装饰作用，基材表面一定厚度的漆膜是由性能不同、作用不同的底漆、面漆多次涂饰所形成的。底漆依其用途不同，又分为头道底漆、腻子、中涂漆（二道底漆）、封闭漆和防锈漆。底漆的作用在于构成涂膜主体，即涂饰所形成的整个涂膜主要靠底漆完成，面漆为制品表面涂饰的最后1～2遍涂层。

## 一、涂底漆

制品经过油漆施工前的表面处理以后，第一道工序是涂底漆，这是紧接着漆前表面处理进行的，它是涂料施工过程中最基础、最重要的工作。

### 1. 涂底漆的目的

底漆是配套涂层中起上下连接作用的重要涂层，是复合涂膜的基础。它既能牢固地附着在底材的表面上，又容易与它上面的涂层结合，机械性能好，同时还可以提供与面漆相协调的保护作用，最有代表性的是防锈底漆、起封闭作用的封闭底漆，如常用的虫胶漆、底得宝等。

涂底漆的目的是在被涂物件表面与随后的涂层之间创造良好的结合力，为后面的涂层形成坚实的基础，提高整个涂层的保护性能，可防止上层涂料与溶剂的渗入，为上层涂料提供良好的施涂基面。

### 2. 底漆的选择与涂饰

底漆是涂料中的重要产品，其品种繁多，依据被涂物件表面的材质、涂饰要求以及与中间涂层和面漆的配套性，涂料生产厂家开发出了多种不同性能的底漆，以满足不同的需要。常用的底漆有油基底漆、挥发性底漆和双组分底漆。针对不同性质的基层，应采用不同的底漆品种。

（1）混凝土、砂浆基层。基层上的碱性物质常因潮湿的影响而反复出现，对这类基层一般涂刷耐碱底漆为好。底漆的稠度要适中，涂刷时要刷透、刷开。由于基层上孔隙大小和吸收性的差异，在涂刷时应对施工过程进行调整，当基层吸收性过强时，涂刷两遍稀底漆要比涂刷一遍稠底漆效果好。为克服基层的吸收性，使之便于涂刷，多孔的粗糙基层所用底漆的含油量要比用于普通基层的底漆含油量高。

（2）木材基层。在木材涂饰中，涂刷头道底漆有利于木毛的竖起，便于打磨；可防止木材中的油脂和水分向表面迁移，破坏漆膜；可封闭粗孔材的管孔，避免木材吸收过多的二道底漆。头道底漆多选用硝基（NC）漆系列和聚氨酯（PU）漆系列，尤以聚氨酯漆系列封闭作用更强。头道底漆只有充分渗入木材才能起到上述作用，所以要使用低固体分含量（约 5%～10%）、低黏度（8～10 s左右）的底漆。

底漆涂饰后，在规定的时间范围内进行干燥，适度打磨后再进行下一道工序，以改善漆膜粗糙度。

（3）金属基层。金属基层上的底漆要在基层表面处理完毕后立即涂刷，尤其是采用火焰清除的表面。

当金属表面采用沥青涂料时，应选用防锈底漆。在暖气的散热器等受热部位涂刷底漆，除可使用专用的耐热底漆外，还可用等量的金胶和松节油稀释红丹涂刷。

3. 底漆的施工方法

装饰装修工程中涂底漆的方法通常有刷涂、辊涂、喷涂等。

木质基层可采用刷涂法和喷涂法。刷涂有利于涂料的附着和渗透，刷涂时注意摊油量要足，并给基层留足够的吸收时间，为涂刷后续涂层提供一个良好的基础。走刷要灵活有力，要将缝隙、孔洞的底部刷到，以免填补的腻子因油料被吸收而引起开裂和脱落，同时也要避免涂料摊得过多引起淤边或流挂。目前，装饰装修中广泛使用喷涂法涂底漆，它能够形成连续、光滑、高质量的漆膜。喷涂时要注意控制喷枪的压力、喷涂距离、喷枪与基材的相对位置、喷枪移动速度等，这些参数对最终漆膜的平整度、漆膜厚度、漆膜表面质量都有重要影响。

对于金属基层，由于刷子对金属表面具有摩擦作用，涂料能紧密地与表面结合，所以最好选用刷涂法，其次是辊涂法，也可采用喷涂法。但应注意，在室内禁止喷涂含铅涂料；在室外喷涂时，某些情况下大气中的湿气会随同漆雾一起沉积到金属表面，应予以注意。

对于砖、石、砂浆基层，一般面积较大，适宜选用喷涂法或辊涂法，一些边、角部位采用刷涂法或用小尺寸辊刷辊涂。

## 二、刮涂腻子

1. 刮涂腻子的作用

涂过底漆的制品表面，不一定很均匀平整，往往留有细孔、裂缝、针眼以及其他凹凸不平的地方，刮涂腻子，可将基层修饰得均匀平整，并达到涂饰施工要求，从而改善整个涂膜外观。

2. 刮涂腻子的施工方法

（1）嵌补法。当被涂物件表面局部有坑、眼、洞等缺陷时，可采用嵌补的方法用适当的工具将缺陷腻平。嵌补用腻子一般较硬、较稠厚。嵌补操作时，手持工具的姿势要正确，手腕要灵活，用力将工具上的腻子压进缺陷内，填满、填实，一般应比物件表面略高一些，然后将四周的腻子收刮干净，使腻子的痕迹尽量减少。对较大的洞眼、裂缝和缺损，可在拌好的腻子中加入少量的填充料重新拌匀，提高腻子的硬度后再嵌补。

基材表面的缺陷很难一次完全腻平，当涂过底漆后，若发现腻子干后收缩形成不平处，就要再填一次，称为复填腻子。一般每涂过一遍底漆之后，要检查一次收缩与遗漏的洞眼，然后再填一次，直到完全腻平，可能需要腻 2～3 次。

（2）批刮法。当被涂物件表面凹凸不平或有较多空隙时（如木材表面的管孔），为提高整个表面的平整度、光滑度，可采用批刮腻子的方法。调配批刮用的腻子一般较稀薄，以便于施工。批刮腻子要从上至下、从左至右，先平面后棱角，以高处为准，一次刮下。手要用力向下按住腻板，使腻板和物件表面成 60°～80°倾角。用力要均匀，这样可以使腻子饱满又结实。木材表面批刮腻子时要顺木纹方向批刮，绝不能横向木纹方向批刮。

采用嵌补法和批刮法施涂完腻子后均要求充分干燥，并用砂纸进行干法打磨或湿法打磨。腻子层一次涂刮不宜过厚，一般应在 0.5 mm 以下，否则不容易干透，并且干燥后收缩易开裂。

## 三、涂中间涂层

中间涂层是指底漆与面漆之间的涂层，中间涂层用的涂料应与底漆和面漆配套，具有良好的附着力和可打磨性。中间涂层包括二道底漆、封底漆或喷用腻子。二道底漆含颜料量比头道底漆多，比腻子少，它既有底漆性能，又有一定的填平能力。中间涂层构成漆膜的主体，其厚度根据需要而定，一般情况下干膜厚度为 35～40 $\mu$m。

中间涂层的作用是保护底漆和腻子层，以免被面漆咬起；增加底漆与面漆的层间结合力；消除底漆涂层的缺陷和过大的粗糙度；增加涂层的丰满度；提高涂层的保护性和装饰性。

涂中间涂层的方法与涂底漆的方法基本相同。当采用喷涂法时，对于表面干燥时间较短的漆种，如硝基漆、聚氨酯漆等可采用“湿碰湿”工艺，即“表干连涂法”。干燥后经过打磨再涂面漆。

## 四、打磨

### 1. 打磨的目的

造成漆膜微观不平的因素有填孔剂干燥收缩、溶剂挥发、涂层沾上刷毛等异物、施工场所粉尘多、涂料使用前未经过滤等。由于以上种种原因，会造成漆膜表面粗糙不平，有凸起的颗粒和气泡，也会有低凹和渗陷，所以有必要对漆膜进行修整。

漆膜修整主要是通过砂光和抛光的方法来实现的。涂层断面上存在两种不同的微观不平度：波度和粗糙度。可通过砂光除去漆膜表面的波度，然后再用抛光的方法，消除表面细微的粗糙度。

漆膜磨光就是用砂纸或砂带研磨干透的涂层，以获得较平滑的表面。研磨分中间涂层研磨和表面漆膜研磨。

### 2. 打磨的方法

打磨的方法可分为干法研磨和湿法研磨。干法研磨是用砂纸或砂布在干燥状态下对漆膜进行磨光的方法，一般应用于中间涂层。湿法研磨是在研磨时用液体（肥皂水等）润湿砂纸、砂带或漆膜表面，对漆膜进行研磨的方法，一般应用于表面磨光。

研磨时可采用手工研磨，也可采用机械研磨。

（1）手工研磨。将一张砂纸或砂布的 1/2 或 1/4 对折或三折，包在垫块上，右手抓住垫块，手心压在垫块上方，手臂和手腕同时均匀用力进行打磨。如不用垫块，可用大拇指、小指和其他三个手指夹住，不能只用一两个手指压着砂纸打磨，以免影响打磨的平整度。

在木质基材表面打磨时，一定要顺着木纹方向移动，切不可横磨，否则将在漆膜上留下明显的磨痕。操作时，手腕要灵活，动作要轻快。边角线条等处要仔细小心，谨防磨穿露底，要用粒度小的细砂纸。使用新砂纸时，预先将砂面对折起来搓几下，将砂面变钝些，然后再用。

打磨完毕后，要用干抹布或刷子将表面的粉尘除去。

（2）机械研磨。机械研磨比手工研磨效率高，质量好，但只适用于大面积平面基材，一般采用电动打磨机具进行。操作时必须在涂层表面完全干燥的情况下进行，打磨时用力要均匀。

**五、涂面漆**

制品经表面处理、涂底漆、刮腻子、涂中间层、打磨修平后，再涂饰面漆，它是在整个涂饰过程中最后涂饰的几遍漆，是整个涂饰工艺的一道关键工序。涂饰面漆可以使整个涂膜的平整度、光亮度、丰满度等装饰性能及保护性能满足要求。

涂饰面漆前，需要对干燥后的底漆精细研磨，为后续涂饰面漆提供较为平整的基础。涂面漆要根据表面的大小和形状选定施工方法，一般要求涂得薄而均匀。此工序的完成效果对整个外观质量将起至关重要的作用，决定着最后的涂饰质量以及产品外观效果。

面漆应涂在经过适当干燥并经打磨，平滑光洁、没有缺陷的底漆层上，第二道面漆由于接涂的时机对涂饰质量与涂饰效果都有影响，因此涂层的间隔时间应视漆类品种而具体分析。间隔时间短，会出现“咬底”现象；间隔时间长，会影响生产效率。目前常采用“湿碰湿”涂饰工艺，即在前一道涂层表干后即可接涂下一道。

## 六、抛光上蜡

为了增强最后一道涂层的光泽和保护性，可对漆膜进行抛光上蜡处理。抛光上蜡的目的在于进一步消除研磨以后在表面留下的细微不平度，以最终获得镜面般光亮平滑的面漆漆膜。经过抛光上蜡，可使涂层光亮而且耐水，能延长涂膜的使用寿命。

抛光上蜡一般适用于装饰性涂层，如家具、饰品等的涂饰。但其仅适用于硬度较高的涂层，如硝基漆、聚氨酯漆、聚酯漆等漆膜，硬度较低的油性漆、酚醛漆漆膜不宜抛光。

抛光上蜡的工艺过程为先用含有磨料（砂蜡）的抛光膏进行抛光，然后用光蜡进行上光处理，借助抛光工具本身的材料和漆膜表面的摩擦作用而产生光泽。

抛光分手工抛光和机械抛光。机械抛光可采用手动抛光机、带式抛光机和辊筒式抛光机等。木制品施工中，漆膜抛光多采用辊筒抛光机。制品整体抛光，可采用手动抛光机抛光。

抛光与磨光修整漆膜相比较，不仅磨削量的大小有所不同，而且在实质上，抛光过程中除了以极小的磨削量，除掉表面上以微米计算的微观不平度以外，在用抛光工具（软辊或棉花团）摩擦漆膜的同时，还伴随着漆膜表面在摩擦热和压力的作用下被软化、被熨平的物理化学过程。因此，只要经过干燥的漆膜达到适当的厚度和硬度，磨光后的漆膜再经过正确的抛光处理，就能获得优质的表面光泽。

## 七、漆膜的装饰和保养

涂层的装饰可采用印花和划条。印花（又称贴花）是利用石印将带有移形图案或说明的胶纸印在制品的表面。为了使印上的图案固定下来不再脱落，可在器材表面喷涂一层罩光清漆加以保护。

制品表面涂饰完毕后，必须注意涂膜的保养，绝对避免摩擦、撞击以及沾染灰尘、油腻、水迹等，应根据涂膜的性质和使用环境的气候条件，在漆膜完全干燥后（3～15 天）方可使用。

## 习　题

1. 油漆施工的基本要求包括哪些内容？

2. 施工过程中，适宜的施工条件包括哪些？

3. 冬季施工应注意哪些问题？

4. 木材表面油漆施工前需要做哪些准备工作？

5. 金属基层表面涂饰前需要做哪些准备工作？

6. 水泥墙面涂饰前的准备工作包括哪些内容？

7. 如何进行涂料性能检查？

8. 油漆施工工艺过程包括哪些内容？每种工序如何进行施工？

9. 针对不同的基层表面，应如何进行底漆涂饰？

10. 腻子的施工方法包括哪些？

# 第四单元　木构件涂饰

**学习要点**

- 了解木材表面涂饰的分类和涂饰工艺。
- 掌握木地板、家具涂饰的施工工艺和要点。

## 模块一　木材表面涂饰的分类及涂饰工艺

木材表面涂饰对象的种类繁多，如各种家具、门窗、木地板、乐器、交通工具、包装容器、玩具及铅笔等。

### 一、木材表面涂饰

1. 木材表面涂饰的目的

（1）美化表面。在赋予木材色彩、光泽、平滑性的同时，增强木材纹理的立体感和表面的触摸感。

（2）保护材质。起到耐湿、耐水、耐油、耐化学药品、防虫、防腐、防蛀等作用。

（3）特殊作用。包括温度指示、电气绝缘、隔音、隔热等。

2. 木材表面涂饰对涂料的要求

（1）底层涂料对木材应具有良好的渗透性、润湿性和优越的附着力，层与层之间也应具有良好的附着力，形成一个整体。

（2）涂料要具有良好的应变力，保证涂膜的持久性。

（3）涂层要具有良好的装饰性，保证木纹的清晰度及立体感。

（4）涂层要具有良好的机械性能、耐水性、耐化学药品性、耐污染性。

（5）涂膜的硬度高、具有较强的耐摩擦性及良好的手感。

（6）涂料要具有良好的施工性、重涂性，能随使用要求变化而改变。

**二、木材表面涂饰的分类**

1. 按面漆品种，分为硝基漆、聚氨酯漆、聚酯漆、紫外线固化漆、酸固化氨基醇酸漆、酚醛漆涂饰等。

2. 按涂膜厚度，分为厚涂膜、中等厚涂膜和薄层涂膜涂饰。

3. 按涂膜光泽，分为高（亮）光、亚光（包括半亚光）涂饰。

4. 按涂膜填孔状况，分为填孔、半显孔和显孔涂饰。

5. 按涂膜透明性，分为透明涂饰和不透明涂饰。

6. 按透明着色作业分为底着色涂饰、中修色涂饰、面着色涂饰。

7. 按表面涂膜是否抛光分为抛光涂饰和原光涂饰。

实际上木材表面涂饰往往是由几项装饰特征组合而成的，以适应木制品装饰设计的要求。如图 4—1 所示为曲木构件着色不透明涂饰。

图 4—1　曲木构件着色不透明涂饰

**三、涂饰工艺的构成**

用涂料涂饰木材表面的过程，包括木材表面准备（处理）、涂饰涂料、涂层固化和涂膜修整等一系列工序。由于涂膜质量要求的不同，以及基材情况和涂料品种等不同，涂饰工艺的内容和复杂程度有很大差别。按涂膜能否显现木材纹理和色彩的特点通常可分为透明与不透明涂饰两类。木材透明与不透明涂饰工艺过程的构成见表 4—1。

**表 4—1　　木材透明与不透明涂饰工艺过程**

| 阶段 | 主要工序 | |
|---|---|---|
| | 透明涂饰 | 不透明涂饰 |
| 表面处理 | 表面清洁（去污、去油迹等）、去树脂、漂白、嵌补、去木毛 | 表面清洁、去树脂、嵌补、磨光白坯 |
| 涂饰涂料 | 填孔、着色、修色、涂封闭底漆、涂底漆、砂磨底漆、涂面漆 | 填平、涂封闭底漆、涂底漆（中层底漆）、砂磨底漆、涂面漆 |
| 涂膜修整 | 磨光、抛光 | 磨光、抛光 |

在实际生产中，木材涂饰设计是灵活可变的。对某种质量要求的涂膜来说，可以根据涂料和基材等的情况将涂饰工艺设计成多种，并择优选用。各工序的取舍、先后顺序和工序的重复次数也可以调整。

## 模块二　木地板的涂饰

通过对木地板涂饰可以很好地保护木地板，木地板涂饰的过程中，木地板涂料的选择是很重要的一个方面。

**一、木地板涂料的选择**

地板手刷漆目前有两大类：溶剂型漆和水性漆。

1. 溶剂型漆

溶剂型漆多以二甲苯为溶剂，当二甲苯挥发后，地板漆即形成。

2. 水性漆

水性漆是用水作溶剂，水蒸发后，漆膜形成，无二甲苯、甲醛等物质，是非常环保的地板漆，刷完漆后第二天即可入住。

## 二、木地板涂饰工艺

根据不同的涂饰对象、不同的油漆种类有多种涂饰工艺，下面主要介绍硬木地板的虫胶清漆打蜡涂饰工艺和硬木地板聚氨酯耐磨清漆涂饰工艺。

1. 硬木地板虫胶清漆打蜡涂饰工艺

（1）涂饰工艺。涂饰工艺过程为：基层处理→施涂底油及打磨→嵌批石膏油腻子两遍及打磨→施涂第一遍虫胶清漆及打磨→施涂第2～4遍虫胶清漆及打磨→上蜡及打蜡。

（2）涂饰技术要求

1）基层处理。硬木地板原材料必须干燥，并要求木工铺贴平整、光滑，无刨刀和砂纸打磨印痕。油污等必须用油灰刀或玻璃刮掉，或用松香水、汽油揩拭干净。然后用1½# 木砂纸顺木纹打磨，对地板拼缝内的灰砂等脏物，应用油灰刀刮松动后再用手持鼓风器（俗称皮老虎）将其吹出，掸扫后用湿润抹布揩拭干净，待干后施涂底油。

2）施涂底油及打磨。底油可用熟桐油：松香水＝1：（2～2.5），或虫胶：酒精（用于调配虫胶清漆的酒精浓度必须在95％以上）＝1：6调配而成。施涂时，先涂踢脚板，后涂地板大面，地板施涂应先从房间内角开始，按操作顺序退向门口。干燥后用1# 木砂纸顺木纹打磨并掸扫干净。

3）嵌批石膏油腻子两遍及打磨。对地板上较大的拼缝、洞眼等缺陷，先要用较硬的石膏油腻子嵌补平整，待干燥后再满批腻子。满批用的石膏腻子可在小铁桶内调配，调配时先将腻子油（用熟桐油、松香水、催干剂按比例混合而成）和石膏粉、颜料倒入桶内充分搅拌后再加水搅拌。应注意嵌批地板的石膏油腻子中的油量要适当增加，以增强腻子的附着力和耐磨强度。

满批腻子时应先将腻子倒在地板上成条状，用钢皮批板顺木纹方向嵌批。对用正方形、人字形、对角线形等方法铺贴的硬木地板也一定要顺木纹方向嵌批，不能贪图方便只向一个方向嵌批。同时，要边嵌批边将多余的腻子收刮干净。第一遍腻子满批干燥打磨后，再满批第二遍腻子，其调配和嵌批方法与第一遍腻子相同。

待腻子干透后用 1½# 木砂纸顺木纹方向打磨，掸扫后用湿润抹布揩干净，然后施涂第一遍虫胶清漆。

4）施涂第一遍虫胶清漆及打磨。虫胶清漆的质量配合比为虫胶∶酒精＝1∶4，施涂要均匀，不得漏刷。干后用 1# 木砂纸打磨并清扫干净。同时，要检查硬木地板和踢脚板之间的颜色及与样板颜色是否一致，如色差较大，要用稀虫胶清漆和颜料（即酒色）进行拼色或修色。

5）施涂第 2～4 遍虫胶清漆及打磨。虫胶清漆质量配合比以虫胶∶酒精＝1∶（4～6）为宜。施涂顺序应先涂踢脚板，后涂地板。蘸油量和施涂的面积不得过多或过少，以避免涂膜厚薄及颜色深浅不匀。另外，还应注意虫胶清漆是用虫胶加酒精调配而成，其中酒精挥发较快，特别是在大面积的硬木地板施涂时，要安排操作人员保持间距，一般一个操作者的最佳施涂操作宽度为 1.5 m，并要求操作时相互之间要配合默契，施涂迅速和熟练，按顺序向后倒退。不得出现漏刷、乱刷和厚薄不匀等现象，这样才能避免搭接处出现排笔刷痕和重叠等现象。

每一遍虫胶清漆施涂干燥后，都要用已用过的木砂纸轻轻打磨并掸扫干净，再涂刷下一遍虫胶清漆。待第 4 遍虫胶清漆施涂完后，用干净白细布包裹棉纱头蘸少量虫胶清漆（虫胶∶酒精＝1∶6）顺木纹方向来回揩涂，使涂膜表面获得更丰满光亮的涂饰效果。

6）上蜡及打蜡。待最后一遍罩面漆干透后可上地板蜡。用纱布或白色软布将油蜡包在布里，在地板表面满涂一遍，上蜡必须做到不漏揩、上匀、不能太厚，擦涂时要使油蜡往棕眼内渗透，待蜡干后可以揩拭。打蜡有两种方法，手工法：用精棉纱头或柔软织布往返揩拭，对大面积地板可用蜡刷拖擦，这样反复进行 2～3 次，直至表面起光发亮；机械法：用打蜡机打蜡，则更能达到省工省力和光亮平滑的效果，以确保质量。

2. 硬木地板聚氨酯耐磨清漆涂饰工艺

（1）涂饰工艺。涂饰的工序为：基层处理→施涂底油及打磨→嵌批石膏油腻子两遍及打磨→施涂耐磨清漆 3 遍及打磨→上蜡及打蜡。

（2）涂饰工艺技术要求

1）基层处理、施涂底油及打磨、嵌批腻子及打磨。硬木地板耐磨清漆工艺过程中的基层处理、施涂底油及打磨、嵌批腻子及打磨工序的操作方法分别与硬木地板虫胶清漆工艺中的对应工序相同。

2）施涂耐磨清漆 3 遍及打磨。施涂顺序是先涂踢脚板，后涂地板。地板施涂应先从房间内角开始，按操作顺序退向门口。施涂第一遍耐磨清漆，过 1～2 天待涂膜干透后，用已用过的 $1^{\#}$ 木砂纸打磨并掸扫干净。同时，应检查地板和踢脚板的颜色与样板颜色是否一致，如颜色相差较大，可用猪血加颜料或耐磨清漆加稀释剂、颜料进行拼色或修色。总之，要使地板和踢脚板的颜色尽量均匀一致，并接近样板颜色。第二、三遍地板耐磨清漆的施涂方法与第一遍施涂方法相同。每遍涂层干透后都要用已用过的 $1^{\#}$ 木砂纸打磨平整，再涂刷下一遍耐磨清漆。另外，施涂较大面积的硬木地板时，同样需要安排好操作人员的间距，其方法要求与施涂虫胶清漆硬木地板的要求相同。

3）上蜡及打蜡。由于聚氨酯耐磨清漆涂膜丰满、光亮、坚硬、装饰效果好，其涂膜的光亮度和耐磨性能都超过了其他涂料，在使用过程中可以不打蜡或少打蜡。如仍上蜡和打蜡，则使地板表面更光亮和光滑，可保护涂膜，使之经久耐用。

(3) 涂饰施工注意事项

1) 聚氨酯耐磨清漆涂膜施涂后，在涂膜尚未充分干透的情况下，应尽量减少灰尘对涂膜表面的污染，否则将会影响涂膜的光亮和光滑。所以，在最后一遍罩面漆施涂前要关窗，施涂后要关门。

2) 最后一遍耐磨清漆施涂后，需7天左右的充分干燥和保养时间，否则，将会影响耐磨清漆的耐磨性和耐久性。

3) 聚氨酯耐磨清漆以二甲苯作为溶剂，施涂时气味重，刺激性大，影响操作工人的身体健康。因此，施涂时要做好空气流通和防护工作，操作要迅速和熟练。另外，在施涂过程中应注意适当休息和到室外呼吸新鲜空气，以防二甲苯中毒。

4) 施涂聚氨酯耐磨清漆后的羊毛排笔要用天那水或二甲苯清洗干净，或将排笔浸在天那水或二甲苯溶液中，以防排笔刷毛结硬。

# 模块三　家具的涂饰

家具涂饰中所说的家具是指机关、学校、工厂和民用的家具，这样的家具对涂饰要求朴素大方，多重视对木材的保护。如图4—2所示为家具着色涂饰示意图。

**一、家具的涂饰施工**

不同的家具、不同的涂饰要求对应不同的涂饰工艺。下面主要介绍松木、桐木家具的涂饰工艺以及镶色家具的涂饰工艺。

1. 松木家具的涂饰工艺

(1) 涂饰工艺。涂饰工序为：表面修整→嵌补→磨光→涂底漆→磨光→涂面漆。

(2) 涂饰技术要求

1) 表面修整。用1# 木砂纸磨平表面，去除污垢油渍。

a)　　b)　　c)

图 4—2　家具着色涂饰示意图

2）嵌补。用虫胶老粉腻子嵌补孔眼、缝隙及表面凹坑。腻子要填满嵌实。

3）磨光。用 1# 木砂纸将干燥后的腻子磨平。用抹布揩掉木屑粉尘。

4）涂底漆。在丙烯酸树脂亚光清漆内加入等量稀释剂，调匀后进行刷涂或喷涂，在 20℃条件下约干燥 2 h。

5）磨光。用 0# 木砂纸轻轻磨平、磨光。

6）涂面漆。丙烯酸树脂亚光清漆 100 份，用 120 份专用稀释剂稀释后，刷涂或喷涂在家具表面。若需涂两次面漆，则在涂第一次面漆 2 h 后再涂第二次面漆。涂饰次数不宜过多，以 2～3 次为宜。漆膜不宜太厚，否则影响透明度，损坏木材的自然质感。

（3）涂饰注意事项。为了保持针叶树木材的柔软感，宜选用软质、透明度高、具有耐光性、不易变色、能保持白坯材色、膜薄、光泽小的涂料。涂膜的耐热、耐水等理化性能也应符合要求。符合上述条件的涂料有丙烯酸树脂清漆、氯乙烯树脂涂料，尤以前者为佳。

2. 桐木家具的涂饰工艺

桐木家具涂饰的关键是要显示桐木的材色和纹理，着色要淡，涂膜要薄，光泽柔和均匀，纹理深沉，保持自然质感。涂饰桐木家具所用的工具、涂饰材料及工艺有其本身的要求和特点，不同于其他木制家具的涂饰。

（1）涂饰工艺。涂饰工序为：表面处理→涂色浆（第一道）→涂色浆（第二道）→打蜡。

（2）涂饰技术要求

1）表面处理。用 0# 木砂纸将桐木家具全部细磨一遍。除去油垢胶迹，如有色斑、局部污染变色，可用过氧化氢液等去除，也可用 1.5%草酸液去除，然后用棉纱蘸清水擦拭处理部位，以消除残留的草酸，防止二次污染。

2）涂色浆。涂第一道色浆，待干燥后用棕丝板刷顺木材纹理刷家具正面、侧面及顶板等部位。然后再用草根刷梳理木纹，直至呈现木筋为止，主要加工家具正面，对侧面和顶板等处可做简易加工。

3）涂色浆（第二道）。涂第二道色浆，待干燥后交叉使用棕丝板刷及草根刷，顺木纹方向反复梳理，用力要均匀，最终使木筋明显凸起为止。再用干净纱布或掸帚掸去表面粉尘。如感到颜色不足，则可再涂一层色浆，重复上述操作，以取得最佳效果。

4）打蜡。在涂好色浆的表面上打磨石蜡。石蜡以硬质的为佳，边打磨边用干净毛巾或绒布揩拭打过蜡的表面，重复数次，直到表面呈现深沉典雅色调、柔和均匀的光泽时为止。

（3）涂饰注意事项。涂饰中应注意被涂面不得接触水，否则将造成涂饰不匀的缺陷，而这种缺陷无法修补。若接触了水分，应立即用热水刷磨，迅速洗净表面，待干燥后重新涂饰。

3. 镶色家具的涂饰工艺

镶色家具是指在同一件家具的饰面上，用两种以上的颜色进行装饰的家具。

（1）涂饰工艺。以水曲柳制成的床头柜，要求柜体和柜门的中间以柚木色为主体色调，门板四周边框部位保持水曲柳本色，下面介绍其施工工艺。

涂饰工序为：表面修整→门边着本色→柜体及门板中间部位涂柚木色→干燥、磨光→刷面漆→漆膜修整。

（2）涂饰技术要求

1）表面修整。用1#木砂纸全面砂磨平滑，除净灰尘。

2）门边着本色。将门板四周边框涂成水曲柳本色。拼色后刷一道硝基清漆或聚氨酯清漆做封闭层。施工中要尽量做到涂料不过分色线。封闭漆干后可将柜体及门板中间部位涂成柚木色。

3）柜体及门板中间部位涂柚木色。施工时先用清洁纱布蘸少许酒精将上道工序过分色线的颜色揩掉，再用旧的1#木砂纸将白坯表面全部砂磨一次，并除尘。然后参照柚木色的各道工序涂饰。

4）干燥、磨光。用清洁纱布蘸酒精将过分色线的颜色揩拭干净。如揩不净，则用0#木砂纸轻轻磨光，擦净为止。

5）刷面漆。根据家具的涂饰要求确定清漆品种，对家具全面涂饰2～3道清漆。层间干燥时间、每道涂漆量及最后干燥时间因面漆品种不同而异。

6）漆膜修整。如漆膜要求亮光装饰，在漆膜干燥后，进行水砂、湿磨、抛光。

**二、着色家具的涂饰施工**

这里主要介绍水性着色剂涂饰家具的工艺、酒精着色剂涂饰家具的工艺和油性着色剂涂饰家具的工艺。

1. 水性着色剂涂饰家具的工艺

（1）涂饰工艺。使用水性着色剂进行淡黄色、金黄色、红木色硝基漆涂饰，具体的工序如下：

①白坯刷稀→②补虫胶腻子→③砂磨→④刷水性着色剂→⑤刷虫胶清漆两道→⑥拼色→⑦砂磨→⑧刷硝基亚光清漆三道→⑨砂磨→⑩刷稀亚光清漆一道→⑪敷擦上光蜡。

（2）涂饰注意事项

1）此涂饰工艺，也适用于硝基清漆、聚氨酯清漆。

2）如做中级聚氨酯清漆，可从工序⑧开始改变，改变工序如下：⑧刷聚氨酯清漆两道（每道间隔 1 h）→⑨干燥 12 h→⑩刷聚氨酯清漆两道（每道间隔 1 h）→⑪干燥 2～3 天→⑫用 $320^{\#}$ 水砂纸砂磨→⑬打蜡抛光→⑭敷擦上光蜡。

3）以上涂饰工艺，如有颜色被砂磨掉露白，还要用小笔蘸硝基色漆修补。

2. 酒精着色剂涂饰家具的工艺

酒精着色剂主要使用酸性染料、碱性染料等，适用于木质底层着色，也可少量添加于酚醛清漆、硝基清漆、虫胶清漆中，以达到涂层色泽鲜艳的目的。

（1）黄褐色酒精着色剂的涂饰工艺

1）涂饰工艺。涂饰工序为：白坯刷稀虫胶清漆一道→砂磨→刷擦黄褐色酒精着色剂→刷硝基亚光清漆一道→拼色→补虫胶腻子→砂磨→刷硝基亚光漆一道→砂磨→刷硝基亚光漆一道。

2）涂饰注意事项。木质家具、木制品的底层经过酒精着色剂的着色，可以一次性地达到涂饰效果。涂饰有两种方法：一种是随涂随擦，操作要迅速，以防止酒精挥发；另一种是采用羊毛排笔，像刷虫胶清漆那样涂刷酒精着色剂。

（2）浅橙色、黑纳色枫火速染剂的涂饰工艺

1）涂饰工艺。涂饰工序为：白坯补虫胶腻子→砂磨→刷擦枫火速染剂→刷亚光清漆一道→拼色→砂磨→刷硝基亚光清漆两道→砂磨→擦上光蜡（油蜡）→整修。

2）涂饰注意事项。枫火速染剂也是酒精与有机溶剂类的着色剂。使用枫火速染剂橙色品种与黑纳色品种在橡木家具上进行着色时，若要用橙色涂饰，有时需将橙色改制成浅橙色，此时必须添加某些酸性染料。但在橡木白坯上涂擦橙色与黑纳色枫火速染剂时，必须随时涂擦均匀，若稍等 2～3 min，橡木孔眼中的速染剂就会渗出木材表面，形成一个一个深色小点。为了解决这类问题，必须对橙色与黑纳色的速染剂进行加工。

3. 油性着色剂涂饰家具的工艺

使用油溶性染料时，必须先用有机溶剂溶解成透明溶液。涂饰柚木色可以通过白坯底层着色达到，也可以通过白坯底层与底漆涂层分两次着色达到。

（1）白坯底层着色涂饰工艺。涂饰工序为：白坯砂磨→刷擦油性着色剂→喷685聚氨酯底漆一道→拼色→喷底漆一道→复涂清漆→喷PU聚酯清漆一道→镶咖啡色脚线→水砂磨→修补腻子、砂磨补色→喷咖啡色线→喷PU聚酯亚光面漆一道→整理→背板零部件的涂饰→抽屉零部件的涂饰。如图4—3所示为家具涂饰示意图。

（2）涂饰技术要求

1）喷涂底、面漆前，喷漆房、干燥室必须用水喷洒，将天花板、四壁、地面打扫干净，无灰尘。

2）开始喷涂面漆之前，须确保底漆已按涂饰工艺施工，表面平整光滑，无凹凸缺陷，无颜色露白，清洁而无油渍、污点及灰尘。由于面漆需干20～30 min才不沾灰尘，所以在表面干燥前，尽量保持喷漆房、干燥室清洁无尘，不允许人员随意走动，并防止门的忽开忽关带进灰尘。

3）面漆按比例调配妥当后，应以160目丝绢筛网过滤，方宜喷涂。底、面漆调配之后，须在8 h内用完，隔日漆会胶化报废。

4）欲得到较厚的漆膜，可于第一次喷涂结束2～4 h后再喷涂第二次，一次喷涂不宜太厚，否则，漆膜易产生针孔。

5）喷涂底漆，宜干燥过夜。面漆表干需4～8 h，实干则需24 h以上。

6）压缩空气需用空气净化器过滤，空气压力为0.2～0.4 MPa，喷枪口径以1～1.3 mm为宜。每次喷漆后，喷枪必须用溶剂洗净。

7）用手提砂光机带水湿砂磨时，应把水洒在零部件上（如

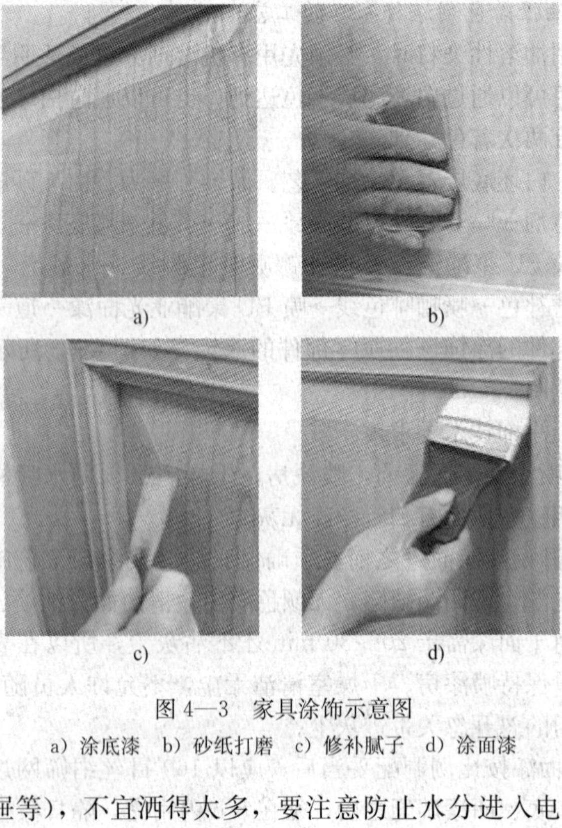

图 4—3　家具涂饰示意图

a）涂底漆　b）砂纸打磨　c）修补腻子　d）涂面漆

门、抽屉等），不宜洒得太多，要注意防止水分进入电动机内。要注意安全，防止事故发生。

## 模块四　木材表面磁漆磨退的涂饰工艺

### 一、磁漆磨退概述

磁漆的黏度高、流动性差、干燥快，是比较不易涂刷的涂料之一。涂刷时易产生涂层不均、流坠或露底等缺陷。磁漆涂饰表面比较硬，打磨很难，腻子、砂纸、打蜡稍不到位，就会出现亮点。因此，施涂混色磁漆磨退的基层处理、涂刷、补腻子、打磨、打蜡等各道工序都要精心施工。

**二、混色磁漆磨退施工工艺**

1. 施工准备

（1）材料。包括涂料、填充料、稀释剂、抛光剂、催干剂等。

（2）工具。包括开刀、腻子槽、油桶、小油桶、小笤帚、铁钳子、刮腻子板（钢刀和橡皮刀）、圆木棍、铜丝箩、纱箩、油刷、排笔、油画笔、棉丝、擦布、指套、砂纸、砂布、小锤子、安全带、高凳、脚手板等。

（3）作业条件和要求

1）施工时环境温度一般不宜低于10℃，相对湿度不宜大于60%，施工地点要通风良好。未安装玻璃前，应有防风措施，否则刮大风的天气不得进行施工。

2）顶板、墙面、地面等湿作业完成并具备一定强度，环境要比较干燥和干净。

3）施工前先做样板，经有关质量部门鉴定验收合格后，再组织班组进行大面积施工。

4）操作前应认真进行交接检查工作，并对遗留问题进行妥善处理。

2. 涂饰工艺

涂饰工序为：基层处理→刷底油→批刮腻子（满刮石膏腻子、满刮第二道腻子）→刷第一道醇酸磁漆→刷第二道醇酸磁漆→安装玻璃→刷第三道醇酸磁漆→刷第四道醇酸磁漆→打砂蜡→擦上光蜡。

3. 涂饰技术要求

（1）基层处理。首先用开刀或碎玻璃片将木料表面的油污、灰浆等清理干净，然后用砂纸打磨一遍，要磨光、磨平，木毛要磨掉，阴阳角胶迹要清除，阳角要倒棱、磨圆，保证上下一致。

（2）刷底油。底油由光油、清油、汽油拌和而成，要涂刷均匀，不可漏刷。节疤处及小孔处抹石膏腻子，拌和腻子时可加入适量醇酸磁漆。干燥后用砂纸打磨，将多余腻子磨掉，清扫，并用湿布擦净。

（3）批刮腻子

1）满刮石膏腻子（调制腻子时要加适量醇酸磁漆，腻子要调得稍稀些），用刮腻子板满刮一遍，要刮光、刮平。干燥后用砂纸打磨，然后清扫并用湿布擦净。

2）满刮第二道腻子，大面处用钢片刮板刮，要平整光滑。小面处用开刀刮，阴角要直。腻子干透后，用0#砂纸磨平、磨光，清扫并用湿布擦净。

（4）刷醇酸磁漆

1）刷第一道醇酸磁漆。第一道漆可加入适量醇酸稀料调得稍稀些，要注意横平竖直地涂刷，不得漏刷和流坠，待漆干透后用砂纸打磨，清扫并用湿布擦净。如发现有不平之处，要及时复抹腻子，干燥后局部磨平、磨光，清扫，并用湿布擦净。刷每道漆的间隔时间，应根据当时的气温而定，一般夏季约6 h，春、秋季约12 h，冬季约24 h。

2）刷第二道醇酸磁漆。刷这一道漆时不加稀料，注意不得漏刷和流坠。干透后用木砂纸打磨，如表面疙瘩多，可用280#水砂纸打磨。如局部有不光、不平处，应及时复补腻子，待腻子干透后，用砂纸打磨，清扫并用湿布擦净。刷完第二道漆后，便可进行玻璃安装工作。

3）刷第三道醇酸磁漆。刷法与要求同第二道，这一道漆涂刷完毕并干透后可用320#水砂纸打磨，但要注意不得磨破棱角，要磨平、磨光，磨好以后应清扫并用湿布擦净。

4）刷第四道醇酸磁漆。刷漆的方法与要求同上，刷完7天后应用320#～400#水砂纸打磨，磨时用力要均匀，应将刷纹基本磨平，并注意棱角不得磨破，磨好后清扫并用湿布擦净。

（5）打砂蜡。先将原砂蜡加入煤油化成粥状，然后用棉丝蘸上砂蜡涂满一个门面或窗面，用手按棉丝来回揉擦，反复多次，揉擦时用力要均匀，擦至出现暗光、大小面上下一致为准（不得磨破棱角），最后用棉丝蘸汽油将浮蜡擦洗干净。

（6）擦上光蜡。用干净棉丝蘸上光蜡薄薄地抹一层，注意要擦匀，擦到光泽饱满为止。

4. 涂饰注意事项

（1）室内油漆工程应在采暖条件下进行，室温保持均衡，一般不宜低于10℃，且不得突然变化。同时应设专人负责测温和开关门窗，以便通风排除湿气。

（2）在涂刷每遍涂料时，应注意环境卫生，刮大风和清扫地面时不宜施工。

（3）施工完毕后注意成品保护，以免磕碰或弄脏。

5. 常见质量问题及措施

（1）问题一：磁漆表面出现不平，打蜡后出现亮点。

原因：起钉、去脂囊、打磨、补腻子、嵌裂缝等操作不认真，基层表面没处理好就刷面层。

措施：

1）将木材表面的钉子起去，并将油污、灰浆等污物清理干净。

2）铲去脂囊，将脂迹刮净，将流松香的节疤挖掉，较大的脂囊应用木材用胶镶嵌。

3）用砂纸将木材表面磨光、磨平，除去木毛、毛茬，阳角要倒棱、磨圆，并保证上下一致。

4）底子油要操作好，做到涂刷均匀，不可漏刷。

5）嵌补腻子。将所有的孔、缝用腻子填满。拌和腻子时可加适量磁漆。

6）处理木质面的裂缝。将裂缝用填料填满，较小的裂缝填充前可用铲刀将裂缝扩宽，填料应填到裂缝的底部。

7）用砂纸打磨，磨掉多余腻子并擦净浮尘，满批腻子。加适量磁漆，稠的腻子应稀释，要刮平刮光。

8）再用砂纸打磨，将表面磨平并擦净浮土。再满批第二道腻子，要求平整、光滑、阳角垂直，大面可用钢腻板刮，小面用铲刀刮，然后用砂纸打磨。

9）打磨、补腻子要到仔细，尤其是小面、压条、门窗合页等处。

10）每道工序完成后均应进行检查，检查合格后才进行第二道工序。

（2）问题二：漏刷。

原因：忽略某些特殊部位，涂刷后没有认真检查，造成漏刷。

措施：

1）门扇下坎与地面之间的缝小，如果先安装门扇，则这些地方不易涂刷，因此要在门扇安装前完成涂刷，一般情况涂刷两遍。

2）门窗扇上冒头顶面，由于比较高不容易看见导致漏刷，因此上冒头要用镜子照着仔细涂刷。

3）五金零件、合页、拉手等处容易漏刷，这些地方要认真操作，严格检查。

4）全部或局部少刷一遍油也属漏刷，应保证刷油的遍数。

5）每涂刷一遍后均应认真检查质量，发现漏刷时及时补刷。

（3）问题三：下坠、膜薄无光泽、手感不细腻，有明显的刷纹。

原因：磁漆的工作黏度或稠度没有严加控制，施涂过程中任意调整。

措施：

1）磁漆进场时应认真检查，不合格的磁漆退回。

2）确实需要稀释时，应集中由专人调制，这样有利于控制磁漆的工作黏度或稠度。

3）磁漆的工作黏度或稠度要调整适当，宁可多涂几遍，也不要一次将漆膜涂刷太厚，每遍涂刷必须均匀一致。

4）刷第二、三、四遍磁漆时不需要加稀释剂。

5）加强教育，严格工艺纪律，在施涂过程中不得任意稀释磁漆。

（4）问题四：起皮、卷皮，漆膜柔软不干固、发花等。

原因：前一遍涂刷的磁漆未干燥，就刷后一遍磁漆。

措施：

1）前一遍磁漆干燥后再刷后一遍磁漆。

2）刷第二、三、四遍磁漆时均不加稀释剂。

3）每遍磁漆涂刷前，均应将前一遍涂刷的漆膜用砂纸打磨平滑，不平处复补腻子。

4）刷磁漆时不得出现漏刷、流坠现象。

5）掌握涂刷的间隔时间，夏季间隔 6 h，秋季间隔 12 h，冬季间隔 24 h。

6）在干燥的环境中施涂，使各层油漆结合牢固。

（5）问题五：流坠、裹棱，不易干燥，用砂纸打磨时会出现起皮、皱皮现象；磁漆膜较硬。

原因：磁漆太稀，涂层厚，施涂不规范、不仔细。

措施：

1）使用的磁漆稠度应适宜，不能太稀。

2）每遍漆膜不能涂得太厚，太厚的漆膜干得慢，遍数应满足设计要求或有关规定，一般需涂刷四遍磁漆，涂刷应均匀。

3）采用正确的涂刷方法，每次蘸油量不要过多。

4）摊油时用力要适中。物面的边缘，可利用摊油时多余的油在理油时完成。

5）对吸油或不平整、难刷的部位应多摊些油。

6）摊油后一刷挨一刷地用油刷顶部轻轻地将涂料上下理顺。应顺木材纹理，垂直面应由上向下理油，水平面应按顺光线照射的方向理。

7）使用的毛刷不能过长或过短，过长的毛刷不易刷匀油漆。不宜使用新刷，最好选用半新的刷子。

（6）问题六：皱纹、刷纹明显。

原因：皱纹的产生主要是由于漆质不好，溶剂挥发快或气温高，加催干剂等原因造成的；刷纹明显主要是由于油刷小或油刷未泡开，刷毛发硬、操作不得当所致。这些问题出现后给后续用砂纸打磨、磨退等工序带来很多困难，修补也很费工料。

措施：

1）磁漆不宜过稠，涂刷过稠的磁漆时，刷子拉不开，易产生明显刷纹。

2）使用合适的刷子，刷毛不能过长，应把刷毛泡软后使用。

3）操作方法应正确，每次摊油的片段不可过大，动作要迅速。

4）如果走刷时在这一片段内感觉发滑，而另一片段内发涩，这说明两片段的涂层不匀，应将油多发滑部位的油刷向油少发涩的部位。

5）理油要平稳，用力均匀，收刷时要均匀有力。

6）涂刷磁漆时，前一遍磁漆干燥，并经过补腻子、用砂纸打磨等工序达到要求后再刷后一遍，使各层结合牢固。

7）不宜在高温下涂刷，高温下涂刷会使漆膜内外干燥不均，形成表面皱纹。

（7）问题七：漆膜表面不光滑、不光亮、不柔和、光泽不一致。

原因：打蜡前未打磨均匀，打蜡时没有来回擦搓。

措施：

1）最后一遍用320#～400#水砂纸打磨。

2）用水砂纸打磨时，将刷纹磨平，用力要均匀，注意棱角不得磨破。用砂纸打磨要在最后一遍磁漆涂刷完7天后进行。

3）用水砂纸打磨时不得遗漏，尤其是合页周边、拉手周边、压条、盖条、冒头等处要仔细打磨。

4）打砂蜡时，将砂蜡用煤油调成粥状，涂满表面，用棉丝来回擦搓，至出现暗光，要使上下光亮一致，不得磨破棱角，然后蘸汽油将浮蜡擦净。

5）上光蜡时要擦匀、擦净，不要过厚，达到光泽饱满为止。

## 模块五　木材表面丙烯酸清漆磨退的涂饰工艺

### 一、丙烯酸清漆的特点

丙烯酸清漆主要分为丙烯酸乳胶漆和溶剂型丙烯酸漆。

1. 丙烯酸乳胶漆

丙烯酸乳胶漆一般由丙烯酸类乳液、颜色填料、水、助剂组成。丙烯酸乳胶漆具有成本适中、耐候性优良、性能可调整性好、无有机溶剂释放等优点，是近年来应用十分广泛的一类涂料产品，主要用于建筑物的内外墙涂饰、皮革涂饰等。近来又出现了木器用乳胶漆、自交联型乳胶漆等新品种。

2. 溶剂型丙烯酸漆

溶剂型丙烯酸漆具有极好的耐候性、很高的机械性能，是目前发展很快的一类涂料。溶剂型丙烯酸漆可分为自干型丙烯酸漆（热塑型）和交联固化型丙烯酸漆（热固型），前者属于非转化型涂料，后者属于转化型涂料。

### 二、丙烯酸清漆磨退施工工艺

1. 施工准备

（1）材料。包括涂料、填充料、稀释剂、抛光剂、催干剂等。

（2）工具。包括开刀、刮腻子板、排笔、毛笔、腻子槽、半截大桶、油桶、小油桶、油勺、油提（200g、300g）、铜箩、纱箩（窗纱）、小笤帚、油刷、麻绳、棉丝、白布、牛角板、油画笔、指套、砂纸、砂布、钳子、小锤子、安全带、高凳、脚手板等。

（3）作业条件

1）施工时环境温度一般不宜低于 10℃，相对湿度不宜大于 60%。施工地点要通风良好，未安装玻璃前，应有防风措施，否则，遇大风天气时不得进行施工。

2）顶板、墙面、地面等湿作业已完成并具备一定强度，环境比较干燥和干净。

3）施工前先做样板，经有关质量部门鉴定验收合格后，再组织班组进行大面积施工。

4）操作前应认真进行交接检查工作，并对遗留问题进行妥善处理。

2. 涂饰工艺

涂饰工序为：基层处理→润油粉→满刮色腻子→用砂纸打磨→刷第一道醇酸清漆→点漆片修色→刷第二道醇酸清漆→刷第三道醇酸清漆→刷第四道醇酸清漆→刷第一道丙烯酸清漆→刷第二道丙烯酸清漆→打砂蜡→擦上光蜡。

3. 涂饰工艺要求

（1）基层处理。首先清除木料表面的尘土和油污，之后用砂纸打磨，大面可用砂纸包 5 cm 左右的方短木垫着打磨，要求磨平、磨光并清扫干净。如图 4—4 所示为基层处理示意图。

（2）润油粉。油粉是根据样板颜色用大白粉、红土子、黑漆、地板黄、清油、光油等配制而成。油粉不可调得太稀，以调成粥状为宜。润油粉刷、擦均可，擦时用麻绳断成 30～40 cm 长的麻头来回揉擦，包括边部等都要擦到并擦净。线角处用牛角刮刀刮净。

a)

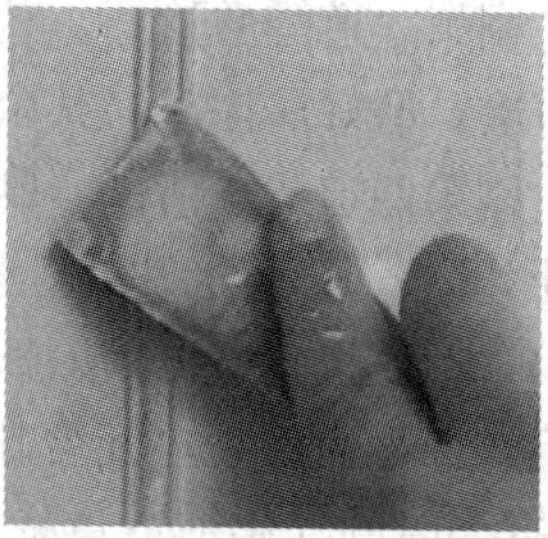

b)

图 4—4　基层处理示意图

a）去粉尘　b）刮腻子

（3）满刮色腻子。色腻子由石膏、光油、水和石性颜料调配而成。色腻子要刮到、收净，不应漏刮。

（4）用砂纸打磨。待腻子干透后，用 1# 砂纸打磨平整，打磨后用干布擦抹干净。再用同样的色腻子满刮第二道，要求和刮头道腻子相同。刮后用同样的色腻子补抹钉眼和缺棱掉角处，要求抹得饱满平整。干后用砂纸打磨平整，保证木纹清晰，不得磨破棱角，打磨后清扫并用湿布擦净、晾干。

（5）刷第一道醇酸清漆。涂刷时要横平竖直、薄厚均匀、不流坠、刷纹通顺，不许漏刷，干后用 1# 砂纸打磨并用湿布擦净、晾干。以后每道漆间隔时间：夏季约 6 h，春、秋季约 12 h，冬季约为 24 h，有条件时，间隔时间稍长一点更好。

（6）点漆片修色。漆片用酒精溶解后，加入适量的石性颜料配制。对已刷过头道漆的腻子疤、钉眼等处进行修色，漆片加颜料要根据当时颜色的深浅灵活掌握，修好的颜色与原来的颜色要基本一致。

（7）刷第二道醇酸清漆。先检查点漆片修色情况，如符合要求便可刷第二道清漆，待清漆干透后，用 1# 砂纸打磨并用湿布擦干净，再仔细检查一次，如有漏抹的腻子和不平处，需要复抹色腻子，干后局部磨平并用湿布擦净。

(8) 刷第三道醇酸清漆。待第二道醇酸清漆干后，用 280# 水砂纸打磨，磨好后擦净，其余操作方法同上。

(9) 刷第四道醇酸清漆。刷完第四道醇酸清漆后，要等 4～6 天后用 280#～320# 水砂纸打磨，要磨光、磨平，磨后擦干净。

(10) 刷第一道丙烯酸清漆。丙烯酸清漆分甲、乙两组，一号为甲组，二号为乙组，配合比为一号 40%，二号 60%（质量比），根据当时的气候加适量稀释剂二甲苯。由于这种漆挥发较快，所以应用多少配制多少，最好按半天工作量计算。刷时要求动作快、刷纹通顺、厚薄均匀一致、不流不坠，不得漏刷，干后用 320# 水砂纸打磨，磨完后用湿布擦净。

(11) 刷第二道丙烯酸清漆。待第一道涂刷后 4～6 h，可涂刷第二道丙烯酸清漆，涂刷的方法和要求同第一道。刷后第二天用 320#～380# 水砂纸打磨，用水砂纸打磨时，用力要均匀，从有光磨至无光直至“断斑”，不得磨破棱角，磨后擦抹干净。

(12) 打砂蜡。首先将原砂蜡掺煤油调成粥状，用双层呢布头蘸砂蜡反复多次揉擦，力量要均匀，边角线都要揉擦，不可漏擦，棱角不要磨破，直到不见亮星为止。最后用干净棉丝蘸汽油将浮蜡擦净。

(13) 擦上光蜡。用干净白布将上光蜡包在里面，收口扎紧，用手揉擦，擦匀、擦净直至光亮为止。

如果木料表面做清漆磨退而不做丙烯酸清漆磨退，其操作工艺同上述工序 (2)～(9)，再加擦清漆面，即在第四道醇酸清漆刷完干透后，理擦醇酸清漆（醇酸清漆加 10%～15%的醇酸稀料），用白布（最好是豆包布）包棉花蘸清漆理擦 5～6 遍，这样可使棕眼更加平整。在常温下干燥 3～4 天后，用 400# 水砂纸磨去亮光的 50%以上，俗称“断斑”。但要注意不得磨破末道漆面和线条、棱角等，磨后清理擦抹干净。接着按照上述操作工艺打砂蜡、擦上光蜡，擦至出亮即为完成。

4. 涂饰注意事项

(1) 棱角腻子不平整。主要是腻子抹得不饱满，由腻子收缩引起。解决办法是重补腻子，直至达到平整为止，干后用砂纸打磨平整。

(2) 磨破棱角。主要是门窗棱角容易磨穿、磨破，用水砂纸打磨和打砂蜡时不要用力过猛，要轻磨轻打才能保持棱角完整。

(3) 流坠。主要是由涂刷不均，涂层过厚，刷时沾油过多，施涂不匀或温度过低等造成。解决措施是发现流坠处，及时用水砂纸磨平。

(4) 五金件污染。除了操作要细致和及时将小五金件污染处清擦干净外，应尽量后装门锁、拉手和插销等（但可以事先把位置留好、把门锁孔眼钻好），确保五金件洁净美观。

(5) 对门窗施涂涂料时，上冒头顶面和下冒头底面不得漏涂。

(6) 冬季施工时，室内油漆工程应在采暖条件下进行，室温保持均衡，不宜低于 10℃，且不得突然变化。

5. 常见质量问题及措施

(1) 问题一：脱皮、露钉眼、露节疤、边棱残缺、木材表面纹理不清晰等。

原因：基层表面未处理好就涂刷丙烯酸清漆。

措施：

1) 将基层清扫干净，起去木材表面钉子。

2) 将木门窗和木料表面基层面上的灰尘、油污、斑点、胶迹等采用刮刀或玻璃碎片刮净。注意不要刮出毛刺。

3) 用砂纸打磨时，先磨线角，后磨四口平角，顺木纹打磨，有活翘皮用小刀撕掉，有重皮的地方用小钉子钉牢固。

4) 点漆，在木节疤和油迹处，用酒精漆片点刷。

5) 处理木质面的裂纹，将裂缝用填料填满，较小的裂缝填充前可用小铲刀将裂缝扩宽，填料应填到裂缝的底部。

6）将所有的孔、缝用腻子填满。

7）有些木材表面有色斑，颜色不匀，有的木材边材色浅、芯材色深，如在这种基层上涂刷透明涂料，将影响木纹的清漆装饰效果。因此，宜进行木材漂白处理。

8）木材基层表面含水率一般不大于12%。

9）润油彩。将油粉调成粥状，用30～40 cm长的麻绳头来回揉搓，边角要擦到、擦净，线角要用刮板刮净。

10）用砂纸打磨合格，尤其是小面和门窗合页等处应仔细打磨；有的木质表面需刷底色，底色宜浅且均匀；遇到节疤等颜色特深的地方应进行修色处理。

（2）问题二：清漆流淌下坠。

原因：为方便施涂，清漆中加入了过多的稀释剂。

措施：

1）清漆进场时应认真检查，稠度不合格的清漆要退回。

2）确实需要稀释时，应集中由专人调制稀释。

3）清漆调制稀释后的稠度应适当。

4）加强教育，严格工艺纪律，在施涂过程中不得任意稀释清漆。

（3）问题三：涂层成膜不好，造成面漆干燥结膜，而底漆不能固结，使漆膜长时间柔软不干固、发花，容易起皮、皱皮。

原因：前后遍涂料涂刷间隔时间太短。

措施：

1）严格工艺纪律，前一遍清漆干燥后才能刷后一遍清漆。

2）每遍清漆涂刷前，均应将前一遍用砂纸打磨，不平处复补腻子。一般在涂刷后4～6 h进行下一道涂刷工作。当环境温度为15～30℃时，每日可刷一遍，在30℃以上时，每日可刷两遍。

3）刷清漆时，不得出现漏刷、流坠现象。

4）在干净、干燥的环境下涂刷，使各层结合牢固。

（4）问题四：出现皱纹，刷纹明显。

原因：皱纹的产生主要是由于漆质不好，溶剂挥发快或气温高，加催化剂过多等原因所致；刷纹明显主要是由于油刷过小或油刷未泡开、毛刷发硬、操作不当等原因所致。

措施：

1）漆不宜过稠，涂刷过稠的漆时刷子拉不开，易产生明显刷纹。

2）应用合适的刷子，刷毛不能过长，并应把刷毛泡软后使用。

3）应采用正确的操作方法，每次摊油的片段不宜过大，动作要迅速。

4）涂刷时，要顺木纹涂刷，各部分要刷到、刷均、厚薄一致、无接茬、无遗漏，涂层要薄。

5）不能在风大的地方施工，以免涂膜表面出现气泡、针孔、皱皮等缺陷。

6）理油要平稳，用力均匀，收刷时要均匀有力。

7）涂刷时，前一遍清漆干燥后，要经过补腻子、用砂纸打磨等工序，达到要求后再刷后一遍，各层要结合牢固。

（5）问题五：漆面不光滑、不光亮，达不到光泽柔和一致的效果。

原因：打蜡工作没做到位。

措施：

1）最后一遍用 320# 水砂纸打磨。

2）用水砂纸打磨时，要在最后一遍清漆涂刷后第二天进行。用力要均匀，将刷纹磨平，注意棱角不得磨破。

3）用水砂纸打磨时不得遗漏，尤其是合页周边、拉手周边、压条、盖条、冒头等处要仔细磨到。

4）打砂蜡时，将砂蜡用煤油调成粥状，用厚绒布或棉丝蘸砂蜡反复揉搓，用力要均匀，边角不得漏擦或磨破，擦至侧视时似镜面状为止，然后将浮蜡擦净。

## 习 题

1. 木材表面涂饰的要点有哪些？

2. 简述硬木地板虫胶清漆打蜡的涂饰工艺及技术要求。

3. 简述硬木地板聚氨酯耐磨清漆的涂饰工艺及技术要求。

4. 简述松木、桐木和镶色家具的涂饰工艺和技术要求。

5. 简述水性和油性着色剂涂饰的技术要求和注意事项。

6. 简述木材表面磁漆磨退的涂饰工艺和技术要求。

7. 简述木材表面混色磁漆磨退的涂饰工艺、技术要求、常见质量问题及纠正措施、涂饰注意事项。

8. 简述木材表面丙烯酸清漆磨退的涂饰工艺和技术要求。

9. 简述木材表面丙烯酸清漆磨退施工常见的质量问题及纠正措施。

# 第五单元 墙面涂饰

**学习要点**

- 了解内外墙面、天棚涂饰涂料种类和特点。
- 掌握内外墙面、天棚涂饰的施工工艺和要点。

## 模块一 建筑涂料

建筑涂料的品种繁多，性能各异，下面按涂料的使用部位分别介绍外墙涂料、内墙（天棚）涂料及地面涂料。另外，还有具有特殊功用的涂料，称之为特种涂料。

### 一、外墙涂料

外墙涂料的主要功能是装饰和保护建筑物的外墙面，延长其使用时间，使建筑物外观整洁美观，从而达到美化城市环境的目的。

1. 外墙涂料的特点

为了获得良好的装饰与保护效果，外墙涂料一般应具有装饰性好、耐水性好、耐玷污性好、耐候性好等特点。

2. 外墙涂料类型

常用的外墙涂料的类型包括溶剂型涂料、乳液型涂料和无机高分子涂料 3 种，下面重点介绍乳液型外墙涂料的特点。

3. 乳液型外墙涂料的特点

（1）以水为分散介质，涂料中无易燃的有机溶剂，因而不会污染周围环境，不易发生火灾，对人体的毒性小。

（2）施工方便，可刷涂、辊涂或喷涂，施工工具可以用水清洗。

（3）涂料透气性好，且含有大量水分，因而可在稍湿的基层上施工。

（4）乳液型外墙涂料的耐候性良好。

（5）乳液型外墙涂料必须在10℃以上才能形成优质的涂膜，因而不宜在冬季使用。

## 二、内墙（天棚）涂料

内墙（天棚）涂料的主要功能是装饰及保护室内墙（天棚）面，使其美观整洁，并提供舒适的居住环境。

### 1. 内墙（天棚）涂料的种类

刷浆材料如石灰浆、大白粉和可赛银等是传统的内墙（天棚）装饰材料，因常采用排笔涂刷而得名。现在，室内装饰装修内墙（天棚）涂饰类涂料主要为乳胶漆、聚乙烯醇类水溶性涂料两大类。常用的内墙（天棚）乳胶漆以平光漆为主，近年来，醋酸乙烯乳胶漆、乙-丙有光乳胶漆也开始应用于内墙（天棚）的涂饰。

常用的聚乙烯醇类水溶性涂料有聚乙烯醇水玻璃涂料和聚乙烯醇缩甲醛涂料。

### 2. 内墙（天棚）涂料的特点

（1）色彩丰富、细腻、调和。

（2）耐碱性、耐水性、耐粉化性良好，且透气性好。

（3）涂刷容易，价格合理。

## 三、地面涂料

地面涂料的主要功能是装饰与保护室内地面，使地面清洁美观。常用的地面涂料包括过氯乙烯水泥涂料、氯-偏乳液涂料、环氧树脂涂料、聚醋酸乙烯水泥涂料等。

### 四、特种涂料

特种涂料对被涂物不仅具有保护和装饰的作用，还有其特殊作用。例如，能够阻燃的防火涂料，能够防水的防水涂料，对蚊、蝇等害虫有速杀作用的防虫涂料，具有阻止霉菌生长的防霉涂料，能消除静电作用的防静电涂料，能在夜间发光起指示作用的发光涂料等。

## 模块二　内墙面的涂饰

### 一、内墙面涂饰的施工要点

1. 涂料准备

在进行内墙面的涂饰之前，要根据实际条件选择质量好、绿色环保的涂料。同时根据预定的施工方法（喷涂、辊涂、弹涂、刷涂等）选定设计要求的品种及相应稠度的涂料，并应采用同一批号的涂料，一次备足。选择好涂料后，进行如下准备工作。

使用前须充分搅拌涂料，使之均匀，使用过程中也需不断搅拌，以防止涂料厚薄不均、填料结块或色泽不一致。当涂料出现稠度过大或因存放时间较长而呈“增稠”现象时，可通过搅拌降低稠度，直到涂料恢复流体状后再使用；也可掺入不超过 8%的涂料稀释剂进行稀释，但不可随意加水，以免影响涂膜强度。

2. 内墙面常用的涂饰方法

内墙面常用的涂饰方法有刷涂、辊涂、喷涂、弹涂等。

### 二、内墙面涂饰的施工要求

1. 根据装饰设计的要求，确定涂饰施工的涂料材料，并根据现行材料标准，对材料进行检查验收；同时，认真了解涂料的基本特性和施工特性。

2. 了解涂料对基层的基本要求，包括基层材质、坚实程度、附着能力、清洁程度、干燥程度、平整度、酸碱度（pH 值）、腻子等，并按其要求对基层进行处理。

3. 涂料施工的环境温度不能低于涂料正常成膜温度的最低值，相对湿度也应符合涂料施工相应的要求。

4. 涂料的溶剂（稀释剂）、底层涂料、腻子等均应合理地配套使用，不得滥用。

5. 涂料使用前应调配好。双组分涂料的施工，必须严格按产品说明书规定的配合比，根据实际使用量分批混合，并在规定的时间内用完。

6. 所有涂料在施涂前及施涂过程中，必须充分搅拌，以免沉淀，影响施涂操作和施工质量。

7. 涂料施工前，必须根据设计要求做出样板或样板间，经有关人员认可后方可大面积施工。样板或样板间应一直保留到竣工验收为止。

8. 一般情况下，后一遍涂料的施工必须在前一遍涂料表面干燥后进行。每一遍涂料应施涂均匀，各层涂料必须结合牢固。

9. 建筑物中的细木制品、金属构件和制品，如为工厂制作组装，其涂料宜在生产制作阶段施涂，最后一遍涂料宜在安装后施涂；如为现场制作组装，组装前应先涂一遍底子油（干性油、防锈涂料），组装后再施涂涂料。

10. 涂料工程施工完毕，应注意保护成品，保护成膜硬化条件及已硬化成膜的部分不受玷污。其他非涂饰部位的涂料必须在涂料干燥前清理干净。

## 三、内墙面涂饰的施工工艺

### 1. 木材基层的涂饰

内墙涂料装饰对于木材基层的施涂部位包括：木墙裙、木护墙、木隔断、木挂镜线及各种木装饰线等。所用的涂料有：油性涂料（清漆、磁漆、调和漆）、溶剂型涂料等。

（1）施工注意事项

1）涂刷清漆前，其底油应涂满基层表面，不可遗漏。涂刷清漆应色调一致，厚薄均匀。

2）涂刷混色涂料时，一般不少于4遍；而涂刷清漆时，一般不宜少于5遍。

3）涂刷涂料时，其顺序为先上后下，先内后外，先浅色后深色，按木纹方向理平理直。

4）打蜡出光时，应将砂蜡打匀，擦油蜡要薄而匀，光亮一致。

（2）施工工艺

1）木材基层涂刷溶剂型混色涂料的施工工序为：清扫、起钉子、除油污等→铲去脂囊、修补平整→用砂纸打磨→节疤处点漆片→干性油或带色干性油打底→局部刮腻子、磨光→腻子处涂干性油→第一遍满刮腻子→磨光→刷涂底层涂料→施涂第一遍涂料→复补腻子→磨光→湿布擦净→施涂第二遍涂料→磨光（高级涂料用水砂纸）→第二遍满刮腻子→湿布擦净→施涂第三遍涂料。

2）木材基层涂刷清漆涂料的施工工序为：清扫、起钉子、除去油污等→用砂纸打磨→润粉→用砂纸打磨→第一遍满刮腻子→磨光→第二遍满刮腻子→磨光→刷油色→施涂第一遍清漆→拼色→复补腻子→磨光→施涂第二遍清漆→磨光→施涂第三遍清漆→用水砂纸磨光→施涂第四遍清漆→磨光→施涂第五遍清漆→磨光→打砂蜡→打油蜡→擦亮。

2. 混凝土墙面和抹灰墙面的涂饰

混凝土墙面和抹灰墙面施涂分为普通、中级和高级3档，施涂按涂层及厚薄分薄质涂料、厚质涂料和复层涂料。

（1）施工注意事项

1）混凝土外墙面一般用水泥腻子修补，而不能用耐水的大白腻子。

2）混凝土内墙或水泥灰墙最好用锌、铝的氟硅酸盐溶液涂刷2～3次，每次间隔1～2天。

3）对油性涂料可用熟桐油加汽油配成清油，在基层上涂刷一遍。

4）对复层涂料应先刷（或喷）涂封底材料，待其干燥后再喷涂主层涂料，干燥后再涂两遍罩面涂料。

（2）施工工艺

1）薄质涂料包括水性涂料、合成树脂乳液涂料、溶剂型（包括油性）涂料、无机涂料等。薄质涂料的施工工序为：清扫→填补腻子、局部刮腻子→磨平→第一遍满刮腻子→磨平→第二遍满刮腻子→磨平→干性油打底→施涂第一遍涂料→复补腻子→磨平（光）→施涂第二遍涂料→磨平（光）→施涂第三遍涂料→磨平（光）→施涂第四遍涂料。

2）厚质涂料包括合成树脂乳液涂料、合成树脂乳液砂壁状涂料、合成树脂轻质厚涂料、无机涂料等。厚质涂料的施工工序为：基层清扫→填补腻子、局部刮腻子→磨平→第一遍满刮腻子→磨平→第二遍满刮腻子→磨平→第一遍喷涂厚涂料→第二遍喷涂厚涂料→局部喷涂厚涂料。

3）复层涂料包括水泥系复层涂料、合成树脂乳液系复层涂料、硅酮胶系复层涂料和固化型合成树脂乳液系复层涂料。复层涂料的施工工序为：基层清扫→填补缝隙、局部刮腻子→磨平→第一遍满刮腻子→磨平→第二遍满刮腻子→磨平→施涂封底涂料→施涂主层涂料→滚压→第一遍罩面涂料→第二遍罩面涂料。

3. 金属层施工

内墙用金属装饰的部位包括：金属隔断、金属博古架、金属花饰、金属栏杆扶手等。金属装饰需要涂饰的多数是黑色金属基层（对有色金属装饰不属于涂饰施工）。

（1）施工注意事项

1）去除油污，先用适当的工具刮除附着物后，再使用溶剂擦拭去除。

2）钢材表面的氯化物及硫酸盐等腐蚀性盐类，须用清水洗净，再用干布擦干或以干燥压缩空气吹干。

3）所有黑铁皮、铁锈、块锈、标志，或其他附着物，皆须用喷砂除净。

4）灰尘、沙砾、碎铁砂或其他杂物，须用真空吸尘器、干燥压缩空气或干刷等予以去净后，方可施涂预涂底漆。

（2）施工工艺。金属基层涂料的施工工序为：除锈、清扫、用砂纸打磨→刷涂防锈涂料→局部刮腻子→磨光→第一遍满刮腻子→磨光→第二遍满刮腻子→磨光→施涂第一遍涂料→复补腻子→磨光→施涂第二遍涂料→磨光→湿布擦净→施涂第三遍涂料→磨光（用水砂纸）→湿布擦净→施涂第四遍涂料。

## 四、内墙乳胶涂饰

### 1. 基层要求

基层必须平整坚固，不得有粉化、起砂、空鼓、脱落等现象。基层不平处和麻面应用配套腻子刮平。内墙较多使用石膏腻子和耐水腻子。腻子干燥后要用砂纸磨平，清除浮粉后方可进行涂料施工。

### 2. 施工工具

施工工具主要包括软毛刷、排笔、毛辊、喷枪等。

### 3. 操作方法

通常采用刷涂、辊涂和喷涂。

### 4. 注意事项

（1）基层处理。先清除基层的粉化物、灰尘，对起砂、空鼓、脱落、麻面、不平等情况要先进行处理，铲除不坚固物，用配套腻子刮平。内墙较多使用821腻子，或在821腻子粉中加入部分施工用涂料。腻子干燥后，用砂纸磨平，清除浮粉，才可进行涂料施工。墙面基层处理如图5—1所示。

（2）封底处理。在涂料施工前应先涂刷一道配套用封闭底漆，其好处是可提高涂层与基材的黏结强度，节省施工用涂料量。施工方法采用辊涂或刷涂均可。

(3) 刷涂操作方法。选用软毛或排笔，横、纵向交叉施工，即施工常用的“横三竖四手法”。第一道刷涂结束后，干燥 2 h 以上，再刷第二道，刷涂面尽可能一次施工完成，中途不停工，以免产生接痕。

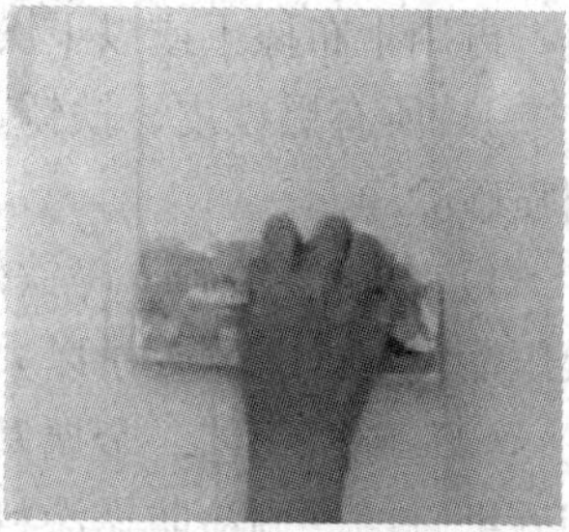

图 5—1 墙面基层处理（批刮腻子）

(4) 辊涂操作方法。选用羊毛辊或人造毛辊，一次蘸料要适量，不要蘸料太多，以免产生流挂及涂料损失。在辊涂过程中要向上用力推，向下轻轻带，这样不易造成流挂弊病。为避免出现辊子痕迹，搭接宽度为毛辊的 1/4。一般辊涂两遍，时间间隔为 2 h 以上。

(5) 喷涂操作方法。在喷涂施工前应先将门、窗及不喷涂部位遮挡起来。然后检查、调整好喷枪，喷嘴直径应为 2～3 mm，空气压缩机的压力控制在 0.3～0.4 MPa。喷涂时手握喷斗要平稳，走速均匀，喷嘴距离喷涂面 30～50 cm。喷枪应有规律地移动，保持薄厚一致。值得注意的是喷距过近或过远、喷涂过薄或过厚都易造成漏喷或流挂弊病。一般喷涂两道，时间间隔为 2 h 以上。

## 模块三　外墙面的涂饰

### 一、外墙涂饰

与传统的外墙饰面材料如外墙面砖、马赛克等相比，外墙面涂饰具有节能、环保、色彩丰富、易于更新等特点，外墙面涂饰对建筑物具有装饰和保护作用。

1. 底层要求

(1) 足够的养护期。新的水泥砂浆混凝土表面必须经过合理的养护时间，并充分干燥，要求其含水率小于10%，pH值小于10后方可施工。

（2）底层表面清洁。底层表面必须清洁，无泥土、白霜、油污及脱模剂等污染物附着。

（3）底层分格条处理。外墙面涂饰做分格条处理，分格条有多种形式，通常的做法是在抹面砂浆中预埋木条，待涂饰施工后，先去除本条，再用深色涂料勾缝。

（4）抹灰层处理。外墙涂饰不宜大面积批刮腻子，建议对抹灰层进行细拉毛处理，然后涂刷底漆、面漆即可。

2. 施工技术要求

（1）涂饰工程所用涂料产品的品种应符合设计要求和现行有关国家标准的规定。

（2）混凝土和抹灰表面施涂溶剂涂料时，含水率不得大于8%；施涂水性和乳液型涂料时，含水率不得大于10%。涂料与基层的材质应有恰当的配比。

（3）涂料干燥前，应防止雨淋、尘土玷污和热空气的侵袭。

（4）涂料工程使用的腻子应坚实牢固，不得有粉化、起皮和裂纹。

（5）涂料的工作黏度和稠度必须加以控制，使其在施涂时不流坠，无刷痕；施涂过程中不得任意稀释。

（6）双组分或多组分涂料在施涂前，应按产品说明规定的配合比，根据使用情况分批混合，并在规定的时间内用完；所有涂料在施涂前和施涂过程中均应保持均匀。

（7）施涂溶剂型、乳液型和水性涂料时，后一遍涂料必须在前一遍涂料干燥后进行；每一遍涂料都应施涂均匀，各层必须结合牢固。

（8）建筑物的细木制品、金属构件与制品，如为工厂制作组装，其涂料宜在生产制作阶段施涂，最后一遍涂料宜在安装后施涂。

（9）同一墙面应使用同一批号的涂料，每遍涂料不宜施涂过厚，涂层应均匀、颜色一致。

3. 涂饰施工工艺

外墙面涂饰应根据涂料种类、基层材质、施工方法、表面花饰以及涂料的配比与搭配等安排恰当的工序，以保证施涂质量合格。

（1）混凝土表面、抹灰表面的基层处理

1）新建筑物的混凝土或抹灰基层在涂饰涂料前涂刷抗碱封闭底漆。

2）旧墙面在涂饰涂料前应清涂疏松的旧装修层，并涂刷界面剂。

3）施涂前应将基体或基层的缺棱掉角处修补好，对表面麻面及缝隙应用腻子补齐填平。

4）基层表面上的尘灰、污垢、溅沫和砂浆流痕应清除干净。

5）表面清扫干净后，最好用清水冲刷一遍，有油污处用碱水或肥皂水擦净。

（2）薄层外墙涂料的施工。薄层外墙涂料包括合成树脂乳液外墙涂料和溶剂型外墙涂料。合成树脂乳液外墙涂料（乳胶漆）有高、中、低档产品，适用于不同层次的消费者。溶剂型外墙涂料属中高档外墙涂料，用于较高要求的涂饰工程。施工要点如下。

1）薄层外墙涂料尤其适合细拉毛墙面，如需批刮腻子，应选用聚合物水泥腻子，且不宜太厚。

2）一般采用一遍底涂、两遍面涂施工。根据工程质量要求可以适当增加面涂遍数。

3）底漆的作用是封闭墙面的碱性，提高涂料与墙面的附着力，避免因墙体过于干燥而大量吸收涂料，并保证吸料量适当，以增加底层材料的强度。但底漆的作用是有限的，虽使用了底漆，底层的 pH 值和含水率也必须待符合要求后方可施工。

4）建筑物薄层外墙涂料施工应该自上而下进行，每一遍涂刷应以分隔线、墙面阴阳角交接处或落水管为界。

5）施工间隔（重涂时间）严格按照产品说明书的规定进行。

6）涂料开桶后应充分搅拌均匀，如稠度太大，可根据说明书加稀释剂（乳胶漆一般是加水）来调整施工性能。注意应根据要求加稀释剂，尤其是乳胶漆不可加入过量的水，否则水会使干燥后的涂层成膜困难及降低涂层的光泽度、耐久性和遮盖力等性能。

（3）复层涂料的施工。复层外墙涂料也称凹凸花纹涂料或浮雕喷塑涂料，这里有个观念需要转变：以往强调复层涂料施工时，颗粒要大，凹凸感要强，但由于当前环境污染较大等原因，现在往往流行颗粒小而均匀，稍有凹凸感的外墙涂料，也称橘皮状外墙涂料。施工要点如下：

1）复层涂料不要求底层非常平整。对于粗糙毛墙面选用复层涂料较为合理；对于缺棱掉角等有明显缺陷的墙面，应用聚合物水泥腻子修补后方能进行涂饰。

2）需涂刷底层涂料，因为底层涂料不仅可以封闭墙面的碱性，调整底层的渗透性，而且可以增加主涂层的附着力，所以不可漏刷或不刷。

3）主涂层的施工。如果涂料属于反应固化型，应随配随用，不可久存，且配料要由专人负责，保证配料准确。主涂层涂料施工时，一般采用机械喷涂，所以施工前应进行试喷，同时对涂料劲度、喷枪种类、枪嘴直径、枪口气压、喷枪与墙面的距离和角度等都要进行适当的调节。应先喷涂样板，经检查合格后方可大面积施工。

4）阴阳角分隔线处应加以遮挡，喷枪的行走路线可上下或左右进行，不均匀处可补喷，保证喷涂均匀。主涂层喷涂完毕后，根据要求可以用塑料辊或橡皮辊蘸煤油等溶剂进行滚压，每辊交接处不要出现明显接痕。

5）橘皮状外墙涂料工程也有采用厚质触变型乳胶漆施工方法进行施工的，类似装饰砂浆，选用不同花样的辊筒，创造出各种各样的造型。这类涂料在施工中的手法很关键，如每次蘸料的多少、用力的大小等都会影响花纹的造型，因此，施工人员要反复地试辊，在掌握要领后，方可进行大面积施工。

6）罩面涂层。在主涂层表面一般罩两道面涂，面涂可选用溶剂型外墙涂料或合成树脂乳液外墙涂料。罩面涂层的施工和薄层外墙涂料的施工相同。

**二、影响施工质量的因素**

外墙涂料施工应重视温度、湿度及底层处理等几方面的问题。

1. 温度的影响

外墙乳胶漆一般需要在5℃以上施工，少数有光的乳胶漆要求在10℃以上施工。如在冬季施工，虽然中午时的最高温度能达到要求，但由于早晚温度较低，如果施工人员不注意及时调整施工时间，就会出现部分施工墙面的涂层成膜不好，致使墙面出现开裂，涂层成鱼鳞状，且一碰即脱落。

措施：外墙涂饰必须在涂料规定的最低气温以上工作，早晚温度较低时不施工。

2. 湿度的影响

施工湿度对于涂饰施工的影响，往往不被人们重视，当湿度大于85%或下雨后墙面尚潮湿时，是不能进行外墙涂饰施工的。否则，墙面太潮湿，部分涂料会随着雾水流下，使涂层出现流坠现象。

措施：外墙涂饰必须在涂料规定的湿度范围内施工。

3. 底层处理的影响

最常见的是由于采用了低强度的腻子，影响了涂层的质量，最后造成整个涂层的破坏，墙面大面积出现鼓泡，部分墙面呈皱皮状。

措施：外墙涂饰施工时，不宜大面积批刮腻子，如确需批刮腻子，也不宜批刮太厚，因为腻子层与墙面底层的材料不同，伸缩系数不同、腻子太厚易造成开裂，甚至脱落。

# 模块四　天棚的涂饰

## 一、天棚涂饰概述

天棚有时称为顶棚，天棚可以说是内墙的一部分，但由于其所处的位置不同，对材料的要求也不同。天棚除应具有保护、装饰和一定的使用功能外，还需具有一定的防潮、耐脏等功能。

1. 天棚的装饰作用

（1）改善室内空间环境质量，满足使用功能要求。

（2）改善室内空间的视觉效果。

2. 涂饰技术要求

（1）有吊顶装饰的涂饰技术要求

1）如采用木龙骨，其材料必须是无开裂、无扭曲的红、白松木，主龙骨的规格不能小于 50 mm×70 mm。

2）涂料必须要用辊筒上漆，顶面必须平整、无明显坑洼。

3）罩面板表面应平整、光洁、接缝顺直和宽窄均匀，不得有缺棱掉角、开裂等缺陷。

4）所有的木龙骨必须涂上防火涂料，直接接触墙面的或安装在卫生间里的木龙骨还要涂刷防腐剂。

（2）混凝土抹灰天棚涂饰的技术要求。混凝土抹灰天棚涂饰要求与内墙涂饰要求相同，详见第五单元模块二。

## 二、天棚涂饰工艺

1. 混凝土抹灰天棚涂薄涂料施工

混凝土抹灰天棚面涂薄涂料分普通、中级、高级 3 个等级。

（1）普通级涂饰薄涂料的主要工序。清扫→填补缝隙、局部刮腻子→磨平→第一遍满刮腻子→磨平→（干性油打底）→施涂第一遍涂料→施涂第二遍涂料。

（2）中级涂饰薄涂料的主要工序。清扫→填补缝隙、局部刮腻子→磨平→第一遍满刮腻子→磨平→第二遍满刮腻子→磨平→（干性油打底）→施涂第一遍涂料→复补腻子→磨光→施涂第二遍涂料。

（3）高级涂饰薄涂料的主要工序。清扫→填补缝隙、局部刮腻子→磨平→第一遍满刮腻子→磨平→第二遍满刮腻子→磨平→（干性油打底）→施涂第一遍涂料→复补腻子→磨光→施涂第二遍涂料→磨光→施涂第三遍涂料→（磨光）→（施涂第四遍涂料）。

上述工序中带括号的干性油打底、磨光、第四遍涂料施涂工序仅适用于溶剂型薄涂料。无机薄涂料的工序只到施涂第二遍涂料为止。

2. 混凝土抹灰室内天棚涂轻质厚涂料施工

混凝土抹灰室内天棚涂饰轻质厚涂料分为普通、中级和高级3个等级。

（1）普通级涂饰轻质厚涂料的主要工序。清扫→填补缝隙、局部刮腻子→磨平→第一遍满刮腻子→磨平→第一遍喷涂厚涂料。

（2）中级涂饰轻质厚涂料的主要工序。清扫→填补缝隙、局部刮腻子→磨平→第一遍满刮腻子→磨平→第二遍满刮腻子→磨平→第一遍喷涂厚涂料→局部喷涂厚涂料。

（3）高级涂饰轻质厚涂料的主要工序。清扫→填补缝隙、局部刮腻子→磨平→第一遍满刮腻子→磨平→第二遍满刮腻子→磨平→第一遍喷涂厚涂料→第二遍喷涂厚涂料→局部喷涂厚涂料。

3. 天棚聚乙烯醇类涂料涂饰施工要点

（1）聚乙烯醇类涂料能在稍潮湿的墙面上（8成干以上）涂饰，但不能在太潮湿的墙面上涂饰，否则会造成涂层迟干，遮盖力差，结膜后的涂层出现渍纹，色泽不一致等现象。

（2）涂饰聚乙烯醇类涂料前，应根据不同的墙面进行基层处理。

1）大模板混凝土墙面虽较平整，但存有水泥泡孔，必须做批嵌，或采用1∶3∶8（水泥∶纸筋∶珍珠岩砂）珍珠岩砂浆抹面。

2）砌块和砖砌墙面用1∶3（石灰膏∶黄沙）灰浆刮批，上粉纸筋灰面层，如有龟裂，应满批后方可涂饰。

3）旧墙面要扫清浮灰，保持光洁。表面若高低不平，有小洞或缺陷，要批嵌后再涂饰，以使整个墙面平整，涂料色泽一致，光洁平滑。批嵌用的腻子，一般采用5%羟甲基纤维素加95%的水，隔夜溶解成水溶液，再加老粉调和后使用。在喷涂过大白浆的墙面或在干培粉墙面上涂刷时，应先将大白浆和干培粉铲除干净后方可涂饰，以免产生起壳、翘皮等缺陷。

（3）涂料施工温度最好在10℃以上，由于涂料易沉淀分层，用时须将涂料搅匀方可涂饰。否则会造成桶内上面涂料稀薄，色料上浮，遮盖力差；下面涂料稠厚，填料沉淀，色淡易起粉。

（4）涂料的黏度随温度变化而变化，温度降低，黏度增加。冬季施工遇涂料凝冻，可水浴加温到凝冻完全消失后再使用。涂料因蒸发而变稠时，可采用聚乙烯醇缩甲醛胶水溶液与温水（1∶1）调匀后，适量加入到涂料中以改善其可涂性，并做小块试验，检验其黏结力、遮盖力和遮膜强度。

（5）施工用的涂料颜色应一致，不同色的要分别置放。使用两种不同颜色的剩余涂料时，要充分搅拌均匀后，在同一表面上进行涂饰。

（6）涂饰可用排笔或漆刷。气温高，涂料黏度小，易涂饰，可用排笔；气温低，涂料黏度大，不易涂饰，用料要增加，宜用漆刷。也可第一遍用漆刷，第二遍用排笔，使涂层厚薄均匀，色泽一致。操作时用的盛料桶宜用木质或塑料的，盛料前和用完后，连同漆刷、排笔用清水洗干净，妥善存放。漆刷、排笔也可浸水存放，切忌接触油剂类材料，以免涂料涂饰时油缩，结膜后出现水渍纹。涂料结膜后，不能用湿布重揩。

4. 天棚乳胶漆涂饰施工要点

（1）涂饰工艺。石膏板面和抹灰面涂饰工序：清扫→填补缝隙、局部刮腻子→磨平→第一遍满刮腻子→磨平→第二遍满刮腻子→磨平→打底漆→施涂第一遍涂层→复补腻子→磨平→施涂第二遍涂层→局部找平、磨平→施涂第三遍涂层（面层）。

（2）涂饰技术要点

1）第一遍满刮腻子及打磨。当室内涂饰面较大的缝隙填补平整后，使用批嵌工具满刮乳胶腻子一遍。所有微小砂眼及收缩裂缝均需满刮，以密实、平整、线角棱边整齐为度。同时，应一刮接着一刮地沿着墙面横刮，尽量刮薄，厚度为 1～2 mm，不得漏刮，接头不得留茬，注意不要玷污门窗及其他物面。腻子干透后，用 1# 砂纸裹着平整小木板，将腻子渣及高低不平处打磨平整。注意用力均匀，保护棱角。磨后用鬃扫帚清批干净。

2）第二遍满刮腻子及打磨。第二遍满刮腻子的方法同第一遍，但要求第二遍腻子与前一遍腻子刮抹方向互相垂直，即应沿着墙面竖刮，将墙面进一步刮满及打磨至平整流畅、光滑为止。

3）施涂第一遍涂料。第一遍涂料涂刷前必须将基层表面清扫干净，擦净浮灰。涂刷时宜用排笔，涂刷顺序一般是从上到下，从左到右，先横后竖，先边线、棱角、小面，后大面。阴角处不得有残余涂料，阳角处不得裹棱。如不能从上到下一次涂刷墙面时，应多层次上下同时作业，互相配合协作，避免出现接茬、刷涂重叠现象。独立面每遍应用同一批涂料，并一次完成。

4）复补腻子。第一遍涂料干透后，应普遍检查一遍，如有缺陷应局部复补腻子一遍，并用牛角刮抹，以免损伤涂料涂膜。

5）磨平。复补腻子干透后，应用细砂纸将涂料面打磨平滑，注意用力应轻而匀，且不得磨穿涂膜，磨后将表面清扫干净。

6）第二遍涂料的涂刷及其磨平方法与第一遍相同。

7）第三遍涂料的施涂采用1号喷施喷涂，喷枪压力调节为0.3～0.5 N/mm$^2$，喷嘴与饰面成90°夹角，距离以40～50 cm为宜，喷涂时应喷点均匀，移动距离适中；并应从不显眼的一头开始，逐渐向另一头循序移动，至不显眼处收枪为止，不得出现接茬。结束后，整个表面应光洁一致、圆滑细腻，无流坠、泛色现象。

8）喷涂时，将墙面所有其他的饰面全部用报纸遮盖严实，以免被污染。

**三、天棚涂饰质量问题及预防措施**

天棚涂饰和内墙涂饰一样，不同的涂料和墙面有不同的涂饰工艺要求，如果施工不当便容易出现涂饰的质量问题。天棚涂饰容易出现的问题及预防措施见表5—1。

**表5—1　　天棚涂饰容易出现的问题及预防措施**

| 质量问题 | 原因分析 | 预防措施 |
| --- | --- | --- |
| 刷痕严重 | ①选用的漆刷过小或刷毛过硬或漆刷保管不好造成刷毛不齐<br>②涂料的黏度太高 | ①根据现场情况尽量采用较大的漆刷，漆刷必须柔软，刷毛平齐，刷漆时用力应均匀，动作应轻巧<br>②调整涂料施工黏度，选用配套的稀释剂 |
| 交叉污染 | ①施工时未做成品保护或保护不到位<br>②质量检查不到位，不细心<br>③施工人员成品保护意识差，施工时马虎<br>④逆向施工（如，先安装门窗的铰链，然后刷油漆） | ①施工前，对所有容易产生交叉污染的部位均保护到位，且做到保护严密、不遗漏<br>②质量员检查质量时，应仔细周到<br>③加强施工人员的成品保护意识，经常就他们的施工技术、质量意识进行培训<br>④按施工工序的先后顺序施工（如门窗等，应先刷油漆后安装铰链） |

续表

| 质量问题 | 原因分析 | 预防措施 |
| --- | --- | --- |
| 泛白、泛碱 | 基层潮湿 | 等基层干燥后再刷乳胶漆 |
| 涂膜脱落 | ①基层处理不当，表面有油垢、水汽、灰尘或化学药品等<br>②每遍涂膜太厚<br>③基层潮湿 | ①基层面应清理干净，砂纸打磨后产生的灰尘也应清扫干净<br>②控制每遍涂膜的厚度<br>③待基层干燥后再刷乳胶漆 |
| 螺钉锈蚀 | ①采用容易锈蚀的螺钉<br>②螺钉外露<br>③没有对螺钉全部涂抹防锈漆 | ①采用不锈钢螺钉<br>②固定螺钉时，使每个螺钉均嵌入板内 0.5～0.7 mm<br>③涂防锈漆时，将每个螺钉均全部涂抹严实 |
| 阴阳角不顺直 | 油漆工在阴阳角施工时，没有进行弹线控制 | 在每个阴阳角施工时，必须先弹线进行控制，同时用靠尺作辅助工具，保证阴阳角顺直 |
| 面层不平整 | ①基层没找平<br>②基层已找平，但涂料刷涂不均匀 | ①基层面施工后，用 3 m 靠尺先仔细检查，保证基层平整后再刷涂料<br>②刷涂涂料时，均匀涂刷，不遗漏 |
| 线条不顺直、接缝不平、表面粗糙 | ①基层不好<br>②线条的材料不好或特殊要求的造型线条定做前没放样<br>③线条安装的质量差<br>④油漆工修边不仔细，敷衍了事 | ①基层必须验收合格后方可进行线条安装<br>②特殊造型的线条，必须先放样后定做，材料进场时，按放样的结果验收，不合格的应剔除<br>③严格控制线条安装质量，达不到要求的坚决返工<br>④加强油漆工的质量意识培训，加强检查及奖罚制度 |

# 习　题

1. 简述外墙、内墙（天棚）和地面涂饰常用涂料的种类及特点。

2. 内墙乳胶涂饰有哪些注意事项?

3. 简述内墙涂饰施工中，木材基层、混凝土和抹灰墙面、金属层的涂饰施工工艺和技术要求。

4. 试述外墙面涂饰对底层和施工技术的要求。

5. 外墙面涂饰的工艺有哪些?各有什么特点?

6. 简述混凝土抹灰天棚涂薄涂料施工的主要工序。

7. 简述天棚聚乙烯醇类涂料涂饰施工的要点。

8. 简述天棚乳胶漆涂饰施工的要点。

9. 天棚涂饰的质量问题有哪些?如何预防?

# 第六单元　金属面涂饰与天然漆涂饰

**学习要点**

- 了解金属表面涂饰油漆的特点。
- 掌握金属表面和天然漆的涂饰工序。

## 模块一　金属面涂饰

装饰装修工程中，金属表面的涂饰主要是为了防止金属表面生锈，同时也可以根据需要给色彩单调的金属表面赋予不同的色彩，在增加美观的同时，使装饰装修的风格一致。

**一、金属表面涂饰油漆的选择**

对不同的金属表面以及不同的金属表面状态，应该选用不同的油漆和不同的涂饰方法和步骤。

1. 不锈钢粉鳞片防腐涂料

不锈钢粉鳞片防腐涂料是为提高钢铁制品和钢铁构造物等的防腐性而研制的新型涂料。由于不锈钢粉具有耐腐蚀、抗氧化、耐高温、耐化学品和耐摩擦等性能，加之它在涂膜中能形成多层结构，因此，在性能可靠的底漆上涂覆不锈钢粉面漆后，整个涂膜能保持 20 年完整而不必修补，大大节省了维修费用。

2. 锌铝合金鳞片防腐涂料

锌铝合金是一种新型鳞片状填料，锌铝合金鳞片防腐涂料除了有迷宫效应外，利用锌铝金属的电位比铁低的特点，还具有阴极保护作用；同时，锌铝合金具有良好的延展性，其鳞片规格容易控制，可方便地获得较高的鳞片比表面积；此外，锌铝合金本身耐热性好，热导率高，表面光线反射率高，因而，锌铝合金鳞片能提高涂层的耐热性、耐候性等。

## 二、金属基层的处理

在金属涂饰工艺中，基层处理工序十分重要。金属基层的处理根据金属材料的种类不同而不同，主要分黑色金属基层的处理和有色金属基层的处理。

### 1. 黑色金属基层的处理

（1）表面清理。除油脂、污垢、锈蚀的清除外，还有表面氧化皮的清除。黑色金属在轧制、锻造时形成的黑色氧化铁皮，与金属本身相比，它是阴极，金属是阳极。当氧化铁皮破裂后，暴露的金属表面会因电化学作用而很快锈蚀。金属基层常用的清理方法包括物理清理和化学清理，物理清理方法适宜建筑工地应用，包括手工打磨清除、火焰清除和喷砂清除。

（2）涂刷底漆。金属基层的处理中，很重要的一点是对清理洁净的基层及时涂刷底漆，特别是在采用火焰清除的情况下，若底漆涂刷不及时，会很快再度生锈。

涂刷底漆时，对金属表面上的铆接部位及螺栓、边角、接缝等部位都要注意刷到、刷满，特别应注意涂料不易挂附的棱角部位。因表面张力的原因，螺栓、棱角部位应涂刷两遍底漆，底漆涂层的总厚度不应小于125 μm，以确保被涂物表面上的所有尖峰、高点都能被充分覆盖。

### 2. 有色金属基层的处理

有色金属基层的处理主要包括镀锌面、镀铝面、镀铜面、镀铅面等。金属基层的处理及底漆的选择见表6—1。

## 三、金属表面涂饰工艺

### 1. 基层处理

通过金属基层处理除去黑铁皮、铁锈、油脂及其他杂物。

表 6—1　　金属基层的处理及底漆的选择

| 金属种类 | 处理方法 | | 底漆 |
|---|---|---|---|
| | 工厂 | 现场 | |
| 铝板 | 用酸除油脂或用碱溶液浸泡 | 用金刚砂布或松香水去油脂 | 磷化底漆、铬酸锌底漆 |
| 镀锌铁板 | 用酸除油脂或用碱溶液浸泡 | 露天自然侵蚀数日或松香水除去油脂 | 铬酸锌、高铅酸钙或磷化底漆 |
| 喷镀锌铁板 | 用金刚砂布除去油脂 | 用金刚砂布除去油脂 | 涂刷磷化底漆后再涂刷铬酸锌底漆 |
| 紫铜、黄铜、青铜 | 在溶剂中浸泡除去油迹 | 使用砂布和松香水擦除油迹（不要露天侵蚀或干磨） | 使用磷化底漆后再涂刷银粉漆 |
| 铅 | 一般不处理 | 露天自然侵蚀数月或使用砂布和松香水湿磨 | 磷化底漆 |
| 镀锡铁板 | 用溶剂浸泡去油迹 | 用砂布和松香水轻磨 | 磷化底漆和铬酸锌底漆 |
| 镀铬铁板 | 一般不处理 | 用砂布和松香水轻磨 | 磷化底漆 |
| 镀镉铁板 | 酸碱浸泡 | 用砂布和松香水轻磨 | 磷化底漆 |

（1）去除金属表面油污。先用适当工具刮除附着物后，再使用溶剂擦拭去除。

（2）去除金属表面氯化物及硫酸盐等腐蚀性盐类。须用清水洗净，再用干布擦干，或以干燥压缩空气吹干。

（3）所有黑铁皮、铁锈、块锈、标志或其他附着物，皆须用喷砂除净。

（4）灰尘、沙砾、碎铁砂或其他杂物，须用真空吸尘器、干燥压缩空气或干刷等予以去净后，方可施涂预涂底漆。

2. 预涂底漆

（1）预涂底漆表面处理。被涂物表面的水分、油脂、白锈、粉笔记号、标志等玷污物，皆须以水洗及溶剂擦拭予以完全去除。如预涂的表面有因滚压、切割、焊接、铆接或机械磨损，以致损坏或生锈时，必须用喷砂法或电动工具清理后，再行修补，然后再于涂漆前，依下列步骤予以洗净、去油。

1）用钢毛刷或钢丝刷去除腐蚀性盐类、粉笔记号、标志或其他附着污物等。

2）用溶剂揩拭去除附着的油污、润滑油等。

3）用电动打磨机或砂轮去除因热处理所产生的铁锈，或损毁的漆膜。

4）用喷砂法或电动工具去除焊接部位的焊渣、金属喷点、焊剂及损毁的漆膜。

5）用喷砂法清除铆钉头及其周围，若使用电动工具或手工工具，则很难完全清除铆钉头的黑铁皮。

6）喷砂后，遗留于各角落及孔隙等处的砂粉须予以清除，最好的方法是使用真空吸涂法清除。

7）若锌粉底漆表面产生白色锌锈，须用钢毛刷或钢丝刷去除。

（2）已涂漆表面的处理。已涂漆金属表面，须将盐类、泥污、油脂及其不纯物通过溶剂擦拭及清水洗净。所有铁锈、松脱旧漆等皆须用打磨机或钢丝刷予以去除，再全面涂以底漆。

# 模块二 天然漆涂饰

## 一、天然漆概述

天然漆又称大漆、土漆等。天然漆的品种较多，用于木质家具的有笼罩漆（又称广漆、赛霞漆）、推光漆（退光漆）、生漆、明光漆等，其性能及用途各有不同，涂饰工艺也有区别。这里主要介绍木质家具用的笼罩漆、推光漆和生漆（擦漆）的涂饰工艺。

## 二、笼罩漆涂饰工序及技术要求

笼罩漆由生漆与熟桐油（坯油）按比例配合而成。配比有7∶3，6∶4，5∶5等多种。

### 1. 笼罩漆涂饰工序

笼罩漆涂饰工序为：白坯表面处理→刷头道豆腐底色→批、补生漆腻子→干燥→砂磨→批第二道腻子→砂磨→刷第二道豆腐底色→刷头道笼罩漆→干燥→水磨→刷第二道笼罩漆→干燥。

### 2. 笼罩漆涂饰技术要求

（1）白坯表面处理。用1～1½$^{\#}$木砂纸砂磨，去除污垢、胶迹，将涂饰表面顺木纹砂磨光滑，磨钝棱角。

（2）刷头道豆腐底色。先用少量水溶解酸性金黄，再加入嫩豆腐内，搅拌均匀。加入的染料以显现木纹为准。刷头道豆腐底色时，染料加入量不能过多，否则会遮盖木纹，因为刷第二道豆腐底色时，染色将会加深。在涂饰表面上满刷一道豆腐底色，或用干净白布蘸上豆腐底色顺木纹揩拭一道。颜色要均匀，无漏刷、漏揩、过棱、流挂与淤积等现象。底色干燥后，用干净抹布抹去颗粒和遗留下来的刷毛，也可以用旧0$^{\#}$木砂纸轻轻将涂饰表面砂磨光滑，但不可磨去豆腐色。除去灰尘。

（3）批、补生漆腻子。生漆腻子用生漆加石膏调和。生漆本身含有水分，在调配过程中，要注意石膏因吸收生漆中的水分会边调边发胀。这时，要防止腻子胀过头，变硬形成颗粒而调不细。当发现腻子不断发胀时，应及时加生漆进一步调匀，使腻子达到饱和状态，防止腻子继续发胀。当腻子呈稳定的软膏状时，便可用牛角刮刀将生漆腻子在涂饰表面上满批一道，再用较硬的腻子嵌补洞眼、缝隙，尽量嵌平填实。批、补生漆腻子，一定要防止漏批、漏刮，并要收刮干净，无腻子淤积，否则，木纹不清，不易砂磨。

（4）干燥。将被涂物件放在专用的干燥房内干燥，室内应清洁无尘，不通风。对地面墙壁定时洒水，室温控制在 25℃左右，室内相对湿度 80%左右，干燥 12～24 h。生漆腻子也可在室温条件下自然干燥。

（5）砂磨。用 1# 木砂纸顺木纹将腻子磨平磨光，要防止将棱角磨白，腻子磨伤。除去砂灰。

（6）批第二道腻子。用生漆腻子再满批一道。腻子的调配、批刮要求、干燥条件及工序与（3）和（4）相同。

（7）砂磨。用 0# 木砂纸顺木纹将涂饰表面磨平磨光，棱角不能磨白，腻子不能磨伤。除去砂灰。

（8）刷第二道豆腐底色。方法与工序（2）相同。

（9）刷头道笼罩漆。用漆刷涂饰，或先用蚕丝头搓涂，随后用漆刷理均匀。刷漆时，蘸漆不宜太多，涂层要薄些。准备刷一道笼罩漆时，涂层略厚些。应掌握好漆膜厚度，漆膜过厚，在干燥时会起皱皮。刷漆时，要反复横竖来回涂匀，也可交叉斜理或绕八字形（俗称剪子箍），目的是使涂层的厚度均匀一致。最后必须顺木纹理直。

（10）干燥。放置在专用干燥房中干燥 4 天左右，其条件同工序（4）。干燥时间需根据头道漆颜色的变化而定，颜色由黑逐渐透红时，说明漆膜已达干燥要求。

（11）水磨。用 400# 水砂纸湿砂磨漆膜表面后，用抹布揩干净。或用0～1#木砂纸砂磨，抹净灰尘。要求基本磨平颗粒、刷痕，边缘棱角不得磨白露底。

（12）刷第二道笼罩漆。第二道笼罩漆的涂层要略厚于第一道，但要防止过厚而引起皱皮。涂漆量控制在30～40 g/m²。

（13）干燥。干燥条件同工序（4）。

**三、推光漆（退光漆）磨退涂饰工序**

未经加工的大漆称为生漆。生漆内水分较多（占20%～40%），干燥快，光泽较差。推光漆是生漆经过滤脱水加工精制而成的。

1. 推光漆磨退涂饰工序

推光漆磨退涂饰工序为：准备工作→表面处理→嵌批腻子→打磨→褙麻绒→于麻绒上嵌批第一遍腻子→打磨→褙云皮纸→打磨→嵌批第二遍腻子→打磨→嵌批第三遍腻子→打磨→嵌批第四遍腻子→打磨→施涂生漆一遍→打磨→嵌批第五遍腻子→水磨→上色→施涂第一遍推光漆→水磨→施涂第二遍推光漆→破粒→水磨退光→上蜡及抛光。

2. 涂饰技术要求

（1）准备工作。包括准备推光漆磨退涂饰的各种工具、材料和材料的预加工，以及一个用于小件木制品施涂推光漆后干燥的窑房。

（2）表面处理。清除涂饰面的灰尘、油污等脏物，木刺翘茬应用锋利小刀或斜凿切除平整、干净。

（3）嵌批腻子。用血料油腻子将涂饰面满批一遍，将洞眼缝复嵌实批平。血料油腻子的质量配合比约为血料：光油：消石灰=1：0.1：1。腻子干燥时间约为8～12 h。

（4）打磨。待血腻子干燥后，铲平多余腻子和木毛，用2#木砂纸打磨平整，边缘棱角也要打磨，磨后将灰尘清理干净。

（5）褙麻绒。先用血料加10%的光油充分拌匀，制成血料光油浆涂于物面，再将麻绒满铺物面，物面中部要稍厚且均匀，两边宜薄，两端面再薄些，包至横木厚度，然后轧实、褙整齐。轧实的方法是：用竹制麻荡子将麻绒拍打抹压一遍，再满涂一遍血料光油浆，然后将麻绒挑动翻松，使血料光油漆渗透麻绒，再用麻荡子反复拍打抹压麻绒，直至完全密实、整齐为止。干燥时间约 8～12 h。

（6）于麻绒上嵌批第一遍腻子。待褙麻绒干燥后，用钢皮批板（宽度约 30 cm 左右）满批血料油腻子一遍。嵌批时要做到一摊、二横、三收起灰，顺木纹刮平收平，使物面均被嵌批一层血料油腻子。

（7）打磨。用锋利铲刀削平多余外露麻绒，并用 2# 木砂纸打磨平整，并掸净灰尘。

（8）褙云皮纸。褙云皮纸是用褙麻绒的血料满褙云皮纸两层。先在物面上均匀地刷一遍血料光油浆，随即用双手拎起云皮纸的两上角，靠右贴包边，并用刷子平整地将右边轻轻地刷贴到物面上，然后向左，将云皮纸刷贴严实平整，紧接着在已贴好的云皮纸左侧边搭口处涂上血料光油浆。再依次贴下一张，直至贴满整个物面。云皮纸的接口处应搭接，去掉多余的云皮纸，用刮板理平，完成第一层云皮纸。接着在第一层云皮纸上均匀地刷血料光油浆一遍，以同样的方法褙第二层云皮纸，最后将物面两端或（四周）横木端头用云皮纸包边褙好两层。云皮纸一定要褙得平整光滑、无褶皱。褙好后再满刷血料光油浆一遍，要将云皮纸刷湿、刷匀。

（9）打磨。待云皮纸表面的血料光油浆干燥后，用 1# 木砂纸打磨平整，并掸扫干净。

（10）嵌批第二遍腻子。用钢皮批板，同样用一摊、二横、三收起灰的方法，在云皮纸表面满批血料油腻子。血料油腻子不可太稀，调制成硬稠泥状即可，嵌批要尽量平整。

（11）打磨。待血料腻子干燥后，用 2# 木砂纸顺木纹打磨平整，并掸净灰尘。

（12）嵌批第三遍腻子。当面层要求为黑色时，本次所用的油腻子中应掺入适量的黑烟子（面层为其他颜色的则掺入适量相应颜料）。调配腻子时，应先用黑烟子加入光油调匀，再加入少许血料搅拌均匀，然后再加入熟石膏粉和全部血料调制成血料油腻子，用大号牛角刮刀满批一遍，采用一摊、二收、半起灰的方法，即顺纹摊灰后不再横向摊而直接刮平收平，半起高处刮灰、低处映灰，进一步刮平收净。

（13）打磨。用1½<sup>#</sup>木砂纸顺木纹打磨，并要求边缘棱角不被漏磨，磨完后应掸净灰尘。

（14）嵌批第四遍腻子。此遍腻子采用熟漆灰腻子，其质量配合比约为熟漆∶熟石膏粉∶水＝1∶0.8（可视情况酌减）∶0.4。用中号牛角刮刀满批一遍，嵌批时应重压扣紧，并收刮干净，嵌批后表面要光滑。

（15）打磨。用1<sup>#</sup>木砂纸包住小方木反复打磨腻子表面，每段打磨长度约100～200 mm，直至平整光滑为止。

（16）施涂生漆一遍。用漆刷在已嵌批及打磨平整的物面上施涂一层薄薄的生漆。施涂时要求均匀，宜薄不宜厚。

（17）打磨。用220<sup>#</sup>砂纸顺木纹磨一遍，磨至光滑，掸净灰尘。

（18）嵌批第五遍腻子。待生漆施涂及打磨后，还要嵌批生漆腻子一遍。生漆腻子的质量配合比约为生漆∶熟石膏粉∶细瓦灰∶水＝3.6∶3.4∶7∶4。腻子中的熟石膏粉和瓦灰必须细腻，用中号牛角刮刀嵌批后，表面应平整光滑，不得留有多余腻子。

（19）水磨。用320<sup>#</sup>水砂纸蘸水打磨至平整光滑为止。打磨时应边磨边洗，打磨后应抹净灰土并用水洗净。检查后，如有缺陷，应补修完好。

（20）上色。用不会掉毛的排笔，顺木纹薄薄地涂刷一层颜色，如面层要求为黑色时，可用墨汁；要求为红色时，可用红颜料。颜色干后手感要光滑，不得有细小排笔刷毛。

（21）施涂第一遍推光漆。用短毛刷蘸推光漆敷于被涂物面上，随后用劲推赶均匀，施涂时应纵横交叉反复推刷，不论大、小面积都要斜刷、横刷、竖刷，反复多次，使漆液达到全面均匀。然后用牛角翘将漆刷内的余漆刮净，再顺物面长度轻理拔直出边，侧面等处也同样操作，边缘棱角处如有漆液流坠，应轻轻收理好。

（22）水磨。用 400# 水砂纸蘸肥皂水顺木纹方向打磨，每段打磨长度为 100～150 mm，边磨边观察，边缘棱角处要特别小心。磨面达到平整光滑为止，磨后用清水抹净，如有磨穿处，可用毛笔、墨汁和推光漆修补，待干燥后补完好。

（23）施涂第二遍推光漆。施涂用量为 70～75 $g/m^2$，施涂方法同第一遍。

（24）破粒。待第二遍推光漆干燥后，必须用 400# 水砂纸蘸肥皂水将露在漆膜表面的颗粒磨破，因为这些颗粒往往表面干了而内部不干，或者尚未干透。磨破表皮后，可以使其充分干燥。

（25）水磨退光。用水砂纸蘸肥皂水将漆膜的光亮磨去，使之达到不见星光、缕光。水磨退光是整个工艺过程中最重要的一环，要认真对待。通过破粒使漆膜充分干燥后，用 600# 水砂纸蘸肥皂水在一个地方磨，手指要伸直放平，手磨到哪里，眼睛应盯向哪里，边磨边抹水，边查看光泽磨净程度。如果需要重新施涂推光漆，需待其干燥后再磨；磨至不见星光，同时，漆膜未被磨穿则说明磨退成功。

（26）上蜡及抛光。水磨退光后，先在砂蜡中掺煤油并搅拌均匀，用柔软无杂质的棉织品或用纱布包棉纱头蘸蜡在漆膜面上用力揩擦，直至漆膜发热。为了提高漆膜的光亮度和清晰度，并使漆膜色泽鲜明，还应在漆膜表面施涂光蜡，其方法是用一小团白色精棉纱头蘸蜡敷于物面，每一个操作面应分几段进行，敷一段揩擦一段，直至将操作面上的蜡揩擦完毕。最后，用洁净绒布揩净蜡迹，便可获得清晰度高、光泽好的物面。

3. 施工注意事项

（1）以上操作工艺适用于横匾、对联、化验台及重要古建筑中的木质涂饰。

（2）被饰物的木质必须干燥，木质潮湿会影响施涂质量。操作时，若上道工序未干透就进行下道工序，也会影响施涂质量和附着力。

（3）需拼缝的物面一定要用同一种木质相拼，否则容易变形。另外，切忌用马尾松板材。嵌拼缝用竹片和木片涂生漆，以达到粘接牢固的效果。

（4）施涂推光漆时，遇高温季节或气候潮湿，需两人操作，以防漆膜干得快、施涂不匀而引起皱皮。

4. 操作安全注意事项

（1）材料加工用明火时，应注意施工安全，控制好温度。

（2）滤过的漆渣要包好，集中处理。

（3）为了防止漆中毒，施工现场必须有良好的通风。施工操作人员必须穿戴劳保用品。操作前，在皮肤裸露处涂一层甘油、护肤防裂膏、香脂或防护油膏等，以保护皮肤。

**四、生漆（擦漆）涂饰工序**

将天然漆经过净化除去杂质后，就成为生漆（擦漆）。“擦漆”这个名词是因涂漆时用棉花或毛毡等揩拭生漆，使涂饰表面漆膜较薄而得名。

1. 生漆涂饰工艺

生漆涂饰工序为：白坯表面处理→刷猪血底色→批、补生漆腻子→干燥→砂磨→批第二道生漆腻子→砂磨→擦拭生漆→干燥→拼色→砂磨→擦拭生漆→干燥→砂磨→擦拭生漆→干燥。

2. 涂饰技术要求

（1）白坯表面处理。用 1～1½# 木砂纸砂磨，去除污垢、胶迹，将涂饰表面顺木纹砂磨光滑，磨钝棱角。

（2）刷猪血底色。在生猪血内加少量染料，做红木色时，加碱性品红；做金黄色时，加碱性橙与碱性嫩黄。先用少量水溶解染料再加入生猪血内，搅拌均匀。加入的染料量以涂饰时能够显现木纹为准，加量不能过多，否则会遮盖木纹。用猪鬃刷子蘸猪血底色满刷涂饰表面，颜色要均匀，无漏刷、过棱、流挂与淤积等现象。底色干燥后，用干净抹布抹去颗粒、刷毛，表面揩抹光滑。也可以用旧的 0# 木砂纸轻轻砂磨光滑，但不可磨去底色。除去灰尘。

（3）批、补生漆腻子。与笼罩漆的涂饰工序（3）相同。

（4）干燥。与笼罩漆的涂饰工序（4）相同。

（5）砂磨。用 1# 木砂纸将腻子的表面顺木纹磨平、磨光，要防止棱角磨白、磨伤腻子。除去砂灰。

（6）批第二道生漆腻子。用生漆腻子再满批一道，腻子的调配与批刮要求、干燥条件及工序与笼罩漆的涂饰工序（3）和（4）相同。

（7）砂磨。用 0# 木砂纸将涂饰表面顺木纹磨平、磨光，棱角不能磨白，腻子不能磨伤。除去砂灰。

（8）擦拭生漆。在生漆中加豆油，搅匀后使用。擦拭生漆时，先用牛角刮刀挑生漆，批布于产品的涂饰部位上，再用漆刷反复横竖刷理均匀，然后用棉花顺木纹揩拭均匀，纹路要细腻。生漆内所加豆油的量根据气候与生漆性能的好坏来决定。气温在25℃左右、相对湿度在 80％左右时，生漆干燥时间较短，而生漆涂层又较薄，所以易干燥变稠，来不及用漆刷横竖刷匀和揩漆，故生漆中需加豆油，以减慢其干燥速度，便于操作与增加漆膜的光亮度。

（9）干燥。将被涂物件放入干燥房干燥，干燥条件与工序（4）相同。

（10）拼色。如色泽不匀，可用酒精溶解染料来修整颜色，并用棉花蘸漆加深浅淡部位。做红木色时，用碱性品红溶于酒精；做金黄色时，用酸性金黄溶于酒精，供拼色用。拼色时要防止颜色拼得过深。

（11）砂磨。用 $0^{\#}$ 旧木砂纸把生漆表面轻轻砂磨光滑，不能磨伤漆膜与所拼的颜色，棱角不得磨白。除去砂灰。

（12）擦拭生漆。同工序（8）。

（13）干燥。同工序（4）。

（14）砂磨。同工序（11）。

（15）擦拭生漆。同工序（8）。

（16）干燥。同工序（4）。

## 习　题

1. 金属表面涂饰油漆有哪几种？简述金属表面涂饰施工工艺。

2. 什么是天然漆？简述常见的天然漆的涂饰工艺。

3. 试述笼罩漆的涂饰工艺和涂饰技术要求。

4. 试述推光漆磨退的涂饰工艺和涂饰技术要求。

5. 试述生漆（擦漆）的涂饰工艺和涂饰技术要求。

# 第七单元　涂料、涂膜的缺陷与安全知识

**学习要点**

- 了解涂料、涂膜的常见缺陷。
- 了解涂膜的修复与重涂。
- 了解涂饰施工安全技术及注意事项。

## 模块一　涂料、涂膜的常见缺陷及修复

俗话说“三分涂料，七分施工”，如果选用了劣质涂料或是没有按照正确的涂饰施工工艺操作，涂膜就容易产生各种质量问题。以下介绍一些常见的涂膜质量问题以及产生原因、预防措施和解决方法，以便读者能更好地解决涂饰中可能出现的问题。

### 一、涂料的常见缺陷及修复

涂料的常见缺陷有结皮、变稠和沉淀结块。

1. 结皮

涂料在容器中储存，氧化干燥型涂料（如油性漆、油性腻子、干性油改性醇酸树脂等）在储运过程中与空气接触的涂料表面氧化、固化，在液面上形成漆皮的现象。

产生原因：容器不密闭或容器内未装满涂料，使涂料面与空气接触；储存温度过高或有阳光照射；储存期过长。

预防措施：容器内尽量装满涂料，使涂料面上的空气体积越小越好；在高温环境中要采取降温措施；避免阳光直射涂料

容器。

解决办法：在保质期内对已结皮的涂料应除掉结皮后再使用。涂饰中，可在取出涂料后的储存容器的液面贴一张牛皮纸，并在纸上倒些稀释剂，然后再密封保存。

2. 变稠

涂料在储存期内黏度增加，变得难以施工的现象称为变稠。

产生原因：涂料酸价太高，与碱性颜料发生皂化；涂料在储运过程中，桶罐漏气，导致部分溶剂挥发，使涂料增稠，空气中的氧气也能促进涂料氧化和聚合，使涂料胶化；溶剂挥发；桶内混入水分或颜料含有水分；涂料在运输过程中遇高温或仓储场所温度过高也会使热固性合成树脂涂料受热继续发生反应，黏度增高，甚至胶化；储存温度过低，特别是水性漆易于受冷析出；涂料储存期太长，树脂中的活性基团发生化学反应，也会引起黏度增高。

预防措施：采用密封性好的容器盛装涂料，并盖严涂料罐（桶）盖；容器中涂料应装满，以达到隔绝空气的目的，同时也可加少许溶剂于容器内以防止涂料增稠；涂料应储存在阴凉、通风、隔热场所，避免高温和阳光直接照射；对于含活性基团的合成树脂涂料，应尽量缩短储存期。

解决方法：可加入相应的溶剂，有水的可加入适量丁醇，搅匀调整黏度后使用；水性漆可移入暖房储存 2～8 天，让其解冻复原。

3. 沉淀结块

涂料在储运过程中产生沉淀，但在使用前可通过搅拌的方法搅均，细度也能达到标准要求是正常现象。如果沉淀后结块经搅拌，不能再分散，则属于沉淀的结块。

产生原因：可由颜料、体质颜料研磨不细、分散不良或颜料与漆基发生物理化学作用等原因造成；涂料黏度低，静止放置的时间过长；加入稀释剂太多，导致涂料黏度下降过大。

预防措施：提高涂料黏度，定期将涂料桶横放或倒置；设计配方时注意颜料与树脂的适应性；控制适当的黏度范围。

解决方法：对已结块部分常将沉淀捞出，借助机械碾轧或揉碎后，再和入原桶并搅匀，过滤后使用。

**二、涂膜的常见缺陷及修复**

涂膜的常见缺陷有粉化、龟裂、起皱、橘皮、缩孔、针孔、起泡、露底、起粒、发白、流挂、渗色、咬底、砂纸纹、涂膜剥落等。

1. 粉化

涂膜在气候环境的作用下光泽下降，涂膜表面出现粉层，用手触摸即粘在手上的现象称为粉化。粉化是一个缓慢的过程，脱粉从表层开始，其下的涂膜仍可完整保持，一直到全部破坏为止。

产生原因：涂料的耐候性差，受大气中紫外线、水分、氧气的作用，漆膜老化；误将室内漆用于室外；涂膜太薄；低温施工；过量稀释；不使用底漆；底材疏松等。

预防措施：注意涂料的选择，选用耐候性、保光性良好的涂料品种；注意室内用涂料不能用于户外涂饰；加强涂膜的维护保养。

解决办法：去除粉化部分，直至露出坚实基面，打底重涂。

2. 龟裂

在涂膜表面产生裂纹，犹如龟背裂纹，这种现象称为龟裂，如图7—1所示。如果涂膜使用相当长时间后出现龟裂，则是涂膜的自然老化过程，表明涂膜已失效而需重涂。这里所说的龟裂是指涂膜使用不久就出现的龟背状裂纹。

图7—1　龟裂

产生原因：底漆、面漆不配套，涂膜受外界作用（机械作用、温度变化等）而产生收缩应力，引起涂膜开裂；使用劣质涂料；涂料过分稀释或涂层过厚；表面处理不当，如腻子过厚、疏松、耐久性差；由基材的开裂引起的涂膜开裂；涂料过硬变脆；涂料中挥发成分太多，附着力太差，干料或催干剂等用量过多；在旧涂层上连续修补，面漆层数过多；涂饰时未将颜料搅匀等。

预防措施：底漆涂层和面漆涂层的伸缩性能应接近；严格控制底漆、面漆涂层厚度；底漆涂层必须干透后再涂面漆；使用优质涂料；选用耐寒性和耐候性优良的面漆。

解决办法：刷去松脱物，打磨表面，磨毛边缘；采用尽量少的有一定持久性和耐水性的腻子。

3. 起皱

涂刷于底层上的涂膜，在干燥后形成局部或全部的皱纹状涂膜的现象称为起皱，如图 7—2 所示。

图 7—2　起皱

产生原因：涂料刷得太厚（油性涂料更容易发生这种情况）；涂膜外干内不干，涂膜过厚，外层先行结膜；未干燥的涂层暴露在过于潮湿或高温的环境下；在第一道涂层还没有干时就涂刷了第二道；涂刷在被灰尘等污染的表面上；涂刷时表面太热或天气太热。

预防措施：遵照使用说明书提供的涂布率涂饰，按涂布率涂两层比涂一层厚漆要好；在天气过热、过冷或过于潮湿的情况下施工时，要留有足够的时间让涂层完全干燥，在确保底漆或第一道涂层已干透的情况下再涂第二道。

解决方法：首先让涂膜充分固化。对于轻微缺陷处，将其打磨平，然后抛光即可。若缺陷较严重，则需将涂膜打磨到基底，然后重新喷涂。

4. 橘皮

橘皮就是在喷涂时不能形成平滑的涂膜面，而呈类似橘皮状的凹凸现象。

产生原因：低沸点溶剂太多，当其急剧挥发而涂料来不及流平时便产生橘皮；涂料黏度过高，流平性差；压缩空气压力低，出漆量大，喷嘴调节不当，导致雾化不良；喷涂距离过远或过近；被涂物和环境温度偏高，溶剂挥发过快，涂膜流平时间短；涂层过薄或过厚；涂料品种差异。

预防措施：补加稀释剂，降低涂料黏度，改善流平性；选用合适的压缩空气压力，选择合适的喷枪出漆量，选用雾化性能好的喷枪；调整合适的喷涂距离，合适的喷涂厚度；降低被涂物和环境温度，调整合适的风速；延长涂膜流平时间，或适当添加流平剂。

解决方法：待橘皮面漆部分完全干固后，视橘皮起皱的程度，以 P1200 砂纸或粗蜡将橘皮缺陷打磨平，然后抛光。情况严重时，可将缺陷部位打磨平后，重新喷涂。

5. 缩孔、抽缩（弹孔、走珠）

涂饰中混入油、水等异物，涂饰施工后，涂料不能均匀附着，涂膜表面收缩而露出局部被涂面的现象，称为缩孔或抽缩，如图 7—3 所示。好像把水抹在蜡纸上一样斑斑点点，还像在油纸上写墨笔字一样呈现不附着的现象。一般露底面积大且不规则的称为抽缩（俗称发笑），呈圆形（直径为 0.1～0.2 mm）的称为缩孔，在圆孔内有颗粒的称为“鱼眼”。

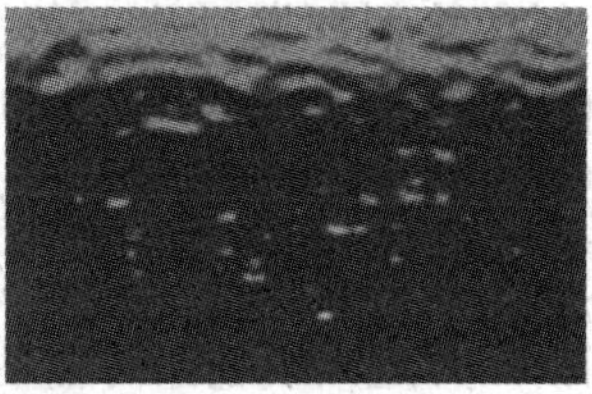

图 7—3　缩孔

产生原因：所用涂料表面张力过大，涂料液收缩成滴珠状；涂料对被涂物表面的润湿性欠佳；表面过于光滑；被涂面不洁净，附着有油、水、灰尘等异物或涂料内混入有害异物；喷涂中，压缩空气中混有油、水；涂饰环境中的空气不清洁，有灰尘、油雾、漆雾污染；喷涂密度太大，发生溅漆；喷涂环境中或基底表面上存在含硅的有机化合物，即使微量的硅，也足以导致涂膜出现缩孔。

预防措施：利用除蜡脱脂剂彻底清除基底表面。不得让清洁剂自然挥发干燥，而应该用清洁的干布将基底表面揩干，每块布只能揩拭一次。打磨前要清洗基底表面，清洗面积要大于准备打磨的面积。打磨完毕，一定要将基底表面的磨屑清除干净，然后再用清洁剂清洗一遍基底表面，才能开始喷涂。确保压缩空气中无油、无水，确保涂饰环境清洁，无灰尘、油雾、漆雾等污染。避免用手、脏手套和擦布接触被涂漆面。

解决方法：如果鱼眼不多，且体积较小，可抛光清除；情况严重时，将缺陷区域的漆层彻底清除，处理基底表面后，重新喷涂。在极端情况下，有时还需要在涂料中使用抗鱼眼添加剂（防走珠水）。

6. 针孔

针孔即在涂膜上产生针状小孔或像皮革毛孔那样的孔，如图7—4所示。

产生原因：涂膜挥发时间短，烘干时升温过快，涂膜表面干燥过快；涂料中溶剂挥发过快；底材、底涂层（腻子）未干透；涂料内或压缩空气内混有水分；涂料与被涂物表面温差太大；涂饰环境湿度过高；涂饰过程中刷涂用力过大或辊涂时辊轴转动太快，产生的气泡来不及逸出；挥发性涂料施工气温过高。

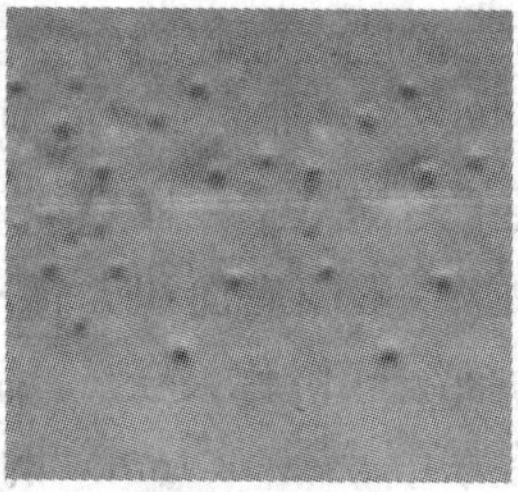

图7—4　针孔

预防措施：针孔问题非常常见，应检查稀释剂，涂料黏度，施工现场温度、湿度及空气流量；降低喷涂室温度和通风量，调整溶剂组分，降低溶剂挥发速度；确保底涂层腻子干透，不含有水分和溶剂；改善涂饰环境，防止水等异物混入溶剂或涂料中；压缩空气要除净油、水等异物；采取措施缩小温差。

解决方法：细小针孔可以用 P1200 砂纸将涂膜磨至底漆层，填补针孔；或磨平受影响涂膜后重喷。

7. 起泡

涂膜表面出现大小不同的圆形突起物的现象称为起泡。由于涂膜局部失去附着力，涂膜一部分从底板或底涂层浮起，内部充满着液体或气体，与基本表面分离而鼓泡，其大小由小米粒状到大块状不等。

产生原因：主要是施工方法不当，涂面有油、汗、指纹、打磨灰等；底漆未干即涂面漆；物面含有水分或施工环境十分潮湿；在多孔性物面上施涂快干性涂料；在潮湿的基材上涂油性状或醇酸漆；乳胶漆干燥后不久，特别是表面预处理不够充分时，就暴露在露水、湿气或雨水中；木质件上涂氨基漆，在烘干时易起泡。

预防措施：被涂面应清洁，涂膜应干透，避免在高湿度环境下放置，选用耐水性和透气性良好的涂料。

解决方法：如果气泡未延续至基材，可用刮铲和打磨除去气泡，然后再涂饰涂料；如果气泡延续至基材，尽可能除去潮气，修补松动的填缝胶，考虑安装通风孔或排气扇。按上述方法除去气泡，注意在涂饰面漆前要打底。

8. 露底、遮盖不良

色漆遮盖不住底色的现象叫露底。

产生原因：涂料中颜料不够或颜料遮盖力太差；施工时加稀料过多，使涂膜过薄；底材与面漆色调反差太大；涂料搅拌不充分，沉淀未搅起；涂刷不仔细。

预防措施：选用遮盖力强的涂料，使下层涂膜的颜色与面漆的颜色相近，把涂料充分搅匀，仔细涂刷，注意涂料黏度的调节。

解决办法：让涂料略干后重涂，或将缺陷区域打磨平，然后重新喷涂。

9. 起粒

涂饰施工后，涂膜中颗粒状的凸起物分布在整个或局部表面上的现象称为起粒。通常大的称为疙瘩，小的称为“痱子”。起粒影响涂膜光泽。

产生原因：生产时颜料研磨不细，未达到规定细度；涂料内杂质未过滤干净；被涂物表面不洁净；涂料储存时有凝聚，施工环境和工具不清洁；涂料和溶剂不匹配，以致产生微凝胶；喷枪喷嘴口径小，风压大，漆雾过多、过粗，喷距过大；涂料液黏度过高；压缩空气不洁净；操作者工作服、手套掉纤维；漆皮被搅碎，混杂在漆中等。

预防措施：被涂面要清洁，打磨被涂物表面并用黏性擦布擦净或用洁净空气吹净被涂物表面尘埃；涂料应仔细过滤，充分搅拌；涂饰环境要清洁，无灰尘；操作者要穿戴不掉纤维且不起静电的洁净工作服及手套。

解决方法：先让涂膜完全固化。对于轻微的颗粒，可用P1200以上砂纸打磨平，然后抛光。如果杂质颗粒陷得较深，则要将涂膜磨平，然后重新喷涂。

10. 发白

涂膜干后泛白、失光或产生无光斑点的现象称为发白。发白多发生在挥发性涂料施工的成膜过程中，挥发性涂料在施工过程中，涂膜表面易呈现乳白色的模糊外观，光泽降低，这是因为涂料内溶剂急速挥发，使表面温度降低，致使大气中湿气渗入涂膜分子。发白现象常被误认为“表面发花”。

产生原因：施工湿度太大，稀释剂挥发过快；喷涂设备中含有太多水分；被涂物的温度低于室温，或在寒冷的喷涂场地施工时，没有加热；使用了不良的稀释剂，涂料或稀释剂中含有水分，溶剂和稀释剂配比不恰当。

预防措施：加入防潮剂和适量高沸点溶剂以调整溶剂配方；涂饰前，先将被涂物加热；涂饰环境温度最好在15～25℃，相对湿度不应大于70%；采用空气喷涂时，检查压缩空气是否纯净，有无水分。

解决方法：轻微发白时，等涂膜完全干硬，用抛光蜡打磨可除去其缺陷；较严重时，在该区域喷涂慢干稀释剂；当发白现象很严重时，可采取对面漆打磨后再重新喷涂面漆的方法来清除。注意当色漆层发白时，底漆亦可能被湿气损伤，目视不易发现，但以后可能会出现起痱子或膜层间附着不良的缺陷。

11. 流挂

在垂直表面涂刷时，漆液向下流淌，造成涂层表面不均匀，涂膜出现下边缘较厚或流痕的现象叫流挂。

产生原因：涂料过稀，黏度太低；施工环境过度潮湿或寒冷，涂料干得太慢；漆刷蘸漆过多，涂膜过厚；高压无气喷涂时，喷枪与被涂饰表面距离太近；空气喷涂时，操作不当，喷枪运行速度过慢，涂料喷出量过多或一次喷涂过厚等。

预防措施：一般情况下可酌情提高涂料黏度、调整喷涂压力和适当增大喷涂距离。

解决方法：如果涂层仍然潮湿，立即刷涂或重新辊涂，使过量的涂料均匀分布。如果涂层已经干燥了，要打磨并重新涂刷优质涂料。涂料要按照建议的涂布率使用，避免堆积；调整喷涂距离，保持喷枪对被涂物表面的垂直状态，减少重复喷涂；调整喷枪运行速度，均匀喷涂；调整喷枪出漆量，一次喷涂厚度控制在20 μm左右；调整涂料的施工黏度；提高施工环境温度。

12. 渗色

面漆将底漆溶解，使底漆的颜色渗透到面漆层上的现象称为渗色，又叫咬色，严重时，涂膜颜色完全改变。通常在红色漆、褐色漆或黄色漆表面喷漆时经常出现这种渗色现象。

产生原因：底漆的有机颜料被面漆溶剂所溶解，使颜料渗入到面漆层中；底漆未干透，面漆溶解了底层漆膜；底漆为深色，面漆为浅色；面漆涂层中含有溶解力强的溶剂；喷涂设备未清洗干净；未对旧面漆进行适当的封闭。

预防措施：底层漆膜干透后再涂面漆；采用与面漆层颜色相近的中间涂层过渡；采用挥发速度快且对底层漆溶解力小的溶剂；底漆、面漆要配套；彻底清洗所有设备；可先试验，如有渗色现象，须封闭后再喷涂。

解决方法：打磨到原漆膜，完全清除产生渗色的漆膜，喷涂封闭底漆将原漆膜封闭，然后重新喷涂油漆。

13. 咬底

上层漆将底层漆的涂膜软化咬起的现象称为咬底。

产生原因：底、面漆不配套；上层漆的稀释剂溶解力太强；底层未干透就涂面漆，或底、面漆涂刷间隔时间不合理。

预防措施：选择配套底、面漆；选择与底层漆相同的溶剂做稀释剂；注意两涂层之间的施工间隔时间。

解决方法：将缺陷区域的漆膜打磨掉，打磨时要注意不要露出可以引起同样问题的漆膜。将打磨后的表面封闭后，重新喷漆。缺陷特别严重时，则将漆膜打磨至基底，然后重新喷漆。

14. 慢干和返黏

涂饰施工后，涂膜在规定时间内不干或干后回黏的现象称为慢干和返黏。

产生原因：溶剂挥发性差；底漆未干透就涂面漆；施工湿度太大，气温太低，表面处理不净，沾有油污和蜡质物、松脂，木节未封闭住；涂料中混入杂质或漏加催干剂、固化剂等；水泥浆、混凝土壁的碱性物质使油性漆膜皂化而软化。

预防措施：更换涂料品种，加强干燥场所的通风，涂抗碱性物质的密封层。

15. 发花

在含混合颜料的涂膜中，由于颜料分离产生与整体颜色不一致的斑点和条纹，使色相杂乱的现象叫发花。

产生原因：涂料中的颜料分散不良，或两种以上色漆相互混合不充分；稀释剂溶解力不足；涂料黏度不合适；涂得过厚，涂膜上下发生对流而形成六角形的小花纹。

预防措施：选用颜料分散好、互溶性好的涂料；使用合适的稀释剂；涂饰厚度和黏度应符合工艺要求；调配复色漆时，使用同一厂家、同一型号色漆进行调配，避免使用不同牌号的涂料。

解决方法：可加入适量保护胶（如乙基纤维素、聚乙烯醇等）或润滑剂（如甲基硅油）等。

16. 失光

涂料干燥成膜后经短时间（数小时或数天）光泽缓慢消失的现象称为失光，又叫倒光。室外的漆膜，经过长期暴晒而失去光泽的现象不属此列。

产生原因：底漆附着力差，或底漆未彻底固化就在其上喷涂面漆；油漆调配或喷涂方法不当，如黏度过低，雾化过度；天气寒冷或湿度太大，油漆干燥太慢；烘漆施工后，稀释剂未挥发到一定程度就送入烘房；烘房中空气污秽，喷房中排气不良，使干固的喷粒落在已喷好的表面上；涂漆后遇大气烟熏；在新喷涂的漆膜表面使用了清洗性能太强的洗涤剂或清洁剂，或者喷完后过早地进行抛光，或者使用的抛光蜡太粗；油漆中使用的稀料质量太差或型号不对，或者使用了其他不配套或质量较差的固化剂；漆膜表面受到了蜡、油、肥皂水或水的污染；面漆或清漆喷得太薄。

预防措施：使用合格的底漆，要等底漆层充分干燥后再在其上喷涂面漆；只使用推荐型号的稀料和合格的固化剂；要充分搅拌油漆，保证喷漆环境符合要求，按照正确的方法进行喷涂，喷涂厚度适当；彻底清理基底表面；要保证漆膜在温暖、干燥的条件下进行干燥；禁止在新喷涂的漆膜表面使用强力洗涤剂或清洁剂；漆膜未充分固化之前，不得对其进行抛光；抛光时一定使用正确规格的抛光蜡。

解决方法：让漆膜层硬固，用粗蜡研磨表面或用砂纸磨光，然后进行抛光，即可恢复正常的光泽。如果失光严重，用以上方法仍得不到满意的效果，则应将面漆层磨平，然后重新喷漆。

17. 砂纸纹

面漆涂饰和干燥后仍能清晰地看见刮痕、砂纸痕等，如图7—5所示，影响涂层的外观（光泽、光滑、丰满度等）。

图7—5　砂纸纹

产生原因：底漆表面处理的方法不当，砂纸太粗，打磨不平，填眼灰不足；底漆打磨前没有充分硬化就喷涂了面涂，以致砂磨痕显现；漆膜的厚度不够，或干燥太慢；油漆未充分混合，使用的稀释剂型号不对或质量太差；被涂物表面有较深的锉刀纹或打磨纹。

预防措施：采用适当细度的砂纸，用填眼灰填补表面较深的砂纸痕，表面要磨平；漆膜厚度要适当，干燥条件要正确；底漆完全干燥硬化后，再喷涂面漆；将油漆均匀混合，只使用推荐型号的稀释剂。

解决方法：若砂纸痕较轻微，可将缺陷区域磨平，然后抛光即可。若砂纸痕较严重，则应打磨漆膜直至除掉原有的砂纸痕，然后重新喷涂。

18. 丰满度不良

同一被涂物上涂饰施工次数多，或涂膜涂得很厚，但外表面显得干瘪、很薄的现象叫丰满度不良。

产生原因：颜料含量少，加入稀释剂过量，涂料黏度低；底材不平滑，且吸收涂料。

预防措施：选用固体分含量高的涂料；用砂纸打磨或用封闭底漆进行封底；严格按工艺要求进行稀释；增加颜料量，采用不挥发分高的涂料。

解决方法：对缺陷部位进行打磨，然后重新喷涂。

19. 浮色

在含有混合颜料的涂料中由于颜料颗粒的大小、形状、密度、分散性、内聚性等不同，使涂膜表面和下层颜料分布不均匀，各断面的色调有差异，形成犹如银色霉斑、浮印的现象叫浮色。

产生原因：复色漆中所选颜料的密度差异较大；使用的涂饰器具不同；配制复色漆的色浆分散性达不到要求，或分散方法和分散设备选用不合理；雾化气压极高或极低；涂料施工黏度较低。

预防措施：改进涂料配方，选择合适的颜料；改进分散方法，选择合适的研磨设备；避免极端气压，避免厚层湿喷，特别是喷银色底漆时尤其应注意；提高涂料施工黏度；使用同一涂饰器具涂饰。

解决方法：可在原面漆上再薄喷一层合格的同色面漆。

20. 涂膜剥落（附着力不良）

由于涂层附着力差，受外力作用产生涂膜成块或整片脱落的现象叫涂膜剥落。

产生原因：被涂物表面太光滑，打磨不足；被涂物表面受到蜡、油脂、有机硅、水、湿气、铁锈等的污染，涂层表面处理不合理；底、面漆不配套，或底漆与底材不配套；底涂层干燥不充分，湿打磨后腻子层未干透；底漆干固多日后未做进一步清洁处理；稀释剂的溶解力差；喷漆时，底材表面温度过高或过低；喷涂间温度变动，造成漆层表面收缩。

预防措施：涂饰前应彻底清洁、适当打磨被涂物表面，确保施工面干燥、无污染；选择与底材配套性好的底漆和面漆；底漆干透后再喷面漆；使用配套良好的稀释剂；喷涂时要保证被涂物表面温度在施工允许的范围内。

解决方法：铲除剥落涂膜，然后重喷。

# 模块二　涂膜的修复与更新

当对原有涂膜进行更新或修复时，需要对旧涂饰基层做处理。

## 一、涂膜更新或修复的条件

1. 由于装饰装修或特殊的美化要求，需进行涂膜面更新或修复。

2. 原涂层表面光泽度降低，多处出现粉化、变色、退色、污染、起皮、膨鼓、剥落、裂缝、损坏等现象时，应进行饰面更新或修复。

涂膜更新时一般应将旧涂层全部清除干净，然后按新基层处理。

## 二、涂层的局部修复与更新

1. 局部修复

如果涂层局部出现污染、起皮、膨鼓、剥落、损坏等现象，可对涂膜局部进行修复。

对涂膜进行局部修复时，可按下列程序处理。

（1）用磷酸三钠水溶液或其他清洗剂除去油迹或污垢。肥皂粉易遗留沉积在表面，不宜采用。

（2）打磨表面，除去因涂膜风化产生的粉尘物，使表面变粗糙，从而使后续涂层易于黏附。在不了解旧涂层的涂料种类是否为含铅涂料时，应采取湿磨。

（3）将疏松的涂膜刮掉，露出坚实的边缘。基层露出的部位应清扫干净，打磨并点涂底漆。

（4）修补、填充表面的孔穴、裂缝及其他不平部位。在涂刷后续涂层时，要考虑新旧涂层的相容性，避免出现涂膜开裂、起皱、渗色等现象。

2. 更新涂层

（1）碱水清洗法。把少量火碱（氢氧化钠）溶解于清水中，再加入少量石灰配成火碱水（火碱水的浓度要经过试验，以能吊起旧漆膜为准）。用旧排笔把火碱水刷在旧涂膜上，等面上稍干燥后再刷一遍，最多刷 3～4 遍。然后用铲刀把旧涂膜全部刮去，或用硬短毛旧油刷或擦布蘸水擦洗，再用清水（最好是温水）把残存的碱水洗净。这种方法常用于处理门窗等形状复杂、涂饰面积较小的物件。

（2）火烧法。用喷灯火焰烧旧涂层，喷灯火焰烧至涂层发焦时，再将喷灯向前移动，立即用铲刀刮去已烧焦的涂层。烧与刮要密切配合，涂层烧焦后要立即刮去，不能等它冷却，因冷却后刮不净。烧刮时尽量不要损伤物件的本身，操作者两手的动作要配合协调。

（3）磨擦法。把浮石锯成长方形块状，或用粗号磨石蘸水打磨旧膜，直到将旧膜全部磨去为止。这种方法适用于清除天然漆旧漆膜。

（4）刀刮法。用金属锻成圆形弯刀（刀口宽度不等，有 40 cm 的长把），磨快刀刃，一手扶刀把，一手压住刀刃，用力刮铲。还可把刀头锻成直的，装上 60 cm 的长把，扶刀把刮铲。这种方法较多用于处理钢门窗和桌椅一类物件。

（5）脱漆剂法。旧漆膜可用市上出售的 T-1 型脱漆剂清除。方法是：将脱漆剂涂刷在旧漆膜上，约半小时后，待旧漆膜上出现膨胀并起皱时，即可把漆刮去，然后清洗掉污物及残留的蜡质。脱漆剂使用时刺激性气味大而且易燃，因此操作时要注意通风防火。脱漆剂不能和其他溶剂混合使用。

（6）脱漆膏法。脱漆膏的配制方法有 3 种：

1）清水1份，土豆淀粉1份，氢氧化钠水溶液（1∶1）2份，一面混合，一面搅拌，搅拌均匀后再加入10份清水搅拌5～10 min。

2）将氢氧化钠16份溶于30份水中，再加入18份生石灰，进行搅拌，并加入10份机油，最后加入碳酸钙22份。

3）碳酸钙6～10份，碳酸钠4～7份，水80份，生石灰12～15份，混成糊状。

使用时，将脱漆膏涂于旧漆膜表面，涂2～5层。约2～3 h后，漆膜即被破坏，可用刀铲除或用水流冲洗掉。如旧漆膜过厚，可先用刀开口，然后涂脱漆膏。

旧涂层不全部清除而重新涂饰时，除按上述办法清洁干净外，还应经过刷清油、嵌批腻子、打磨、修补油漆等项工序，做到与旧涂层平整一致，颜色相同。

# 模块三　涂饰的安全技术

## 一、有害于人体的涂料及其毒性预防

某些涂料，特别是作为稀释剂使用的液体材料，其挥发出的气体，如在无防护的条件下经常吸入会对人体造成危害。常见的有以下几种：

1. 苯类（苯、甲苯、二甲苯等）

中毒现象表现为头痛、头昏、记忆力减退、乏力、失眠等，还可引起皮肤干燥、瘙痒、发红。热苯可引起皮肤水泡，有时出现脱脂性皮炎。

预防方法为：加强自然通风和局部通风；不能用苯洗手。

2. 铅类（铅白、铅铬绿、红丹、黄丹性含铅化合物）

中毒现象表现为食欲不振，体重减轻，脸色苍白及肚子痛、头痛、关节痛等。

预防方法为：用偏硼酸钡、云母氧化铁、铝粉、铁红或铝红粉等防锈漆代替红丹防锈漆。如必须采用红丹防锈漆，则以刷涂为宜，且采取加强通风等防护措施。

3. 汽油

在超过汽油蒸气最高容许浓度的环境中长期工作，会发生神经系统和造血系统损害。皮肤接触后，也可能产生皮炎、湿疹和皮肤干燥。

预防方法是：改善生产环境，加强通风，在汽油蒸气浓度高的环境工作时，要戴防毒面具，手上可涂保护性糊剂进行保护。其配方比为：滑石粉 22.1 g，淀粉 4.1 g，植物油或矿物油 9.4 g，明胶 1.9 g，甘油 1.4 g，硼酸 1.9 g，水 59.9 g。涂前先将手洗净，然后将糊剂放在手掌上，用手搓搽，待完全干燥成膜即可。工作结束后，用水和肥皂洗净。

4. 生漆

生漆油的漆酚是使人体皮肤过敏的刺激物，0.001 g 的生漆即可使敏感动物产生皮疹。大多数初与生漆接触的人，易得过敏性皮炎，俗称“漆疮”。

预防方法是：保持现场良好的通风，施工前将劳动防护用具穿戴齐全，尽量减少皮肤裸露，减少人体沾漆的可能性。在皮肤的裸露处涂一层专门配制的防护油膏（配方：甘油 14 g，硼酸 2 g，凡士林 12 g，淀粉 14 g，滑石粉 21 g，氢氧化钾 0.5 g，甘油 200 g，酒精 200 g，净水 600 g）。施工后，即使双手未沾上生漆，也必须清洗，防止将漆毒沾在身体其他部位，并注意勤洗澡、勤换衣。

漆疮的治疗方法是：如已得过敏性皮炎，初始肿痒时，切忌用指甲抓挠，以防扩大患处面积和感染。止痒可用 3%～5%的稀氨水或 10%碳酸钾液擦洗，也可用棉花蘸硫代硫酸钠溶液（用 100 mL 蒸馏水稀释纯硫代硫酸钠 5 g 所得的溶液）涂擦患处止痒；还可用绿矾、明矾各半（质量比）碾成粉末，用开水溶解，擦于患处；也可用温开水洗澡、洗脸，且不要喝酒、吃辣椒；还可局部采用擦涂，全身采取洗澡的办法，一般3～7天即可痊愈。

**二、防火**

涂料产品绝大部分为易燃性和挥发性有机物质，不论在制造、涂饰或成膜干燥过程中，其组分中的有机溶剂都极易挥发，并能形成易燃性的蒸气，若与空气接触，积聚到一定的浓度时，一旦接触明火，很容易引起火灾，甚至发生爆炸等事故。因此，为了做到安全生产，消除火灾隐患，施工时应注意下列事项：

1. 避免溶剂挥发。涂料施工中应注意避免溶剂的挥发，将施工现场的溶剂蒸发浓度控制在规定的范围内，储存涂料和溶剂的桶应及时盖好。施工场所应有抽风和排风设备，以降低溶剂蒸气的浓度。

2. 排除火种。施工场所的火种，大多数来源于自燃、明火、撞击产生的火花、电气火花、静电等，施工中应注意排除。

3. 避免自燃。浸有清油、油性漆、松节油的抹布、棉纱等杂物，如果不及时清理而任其自然堆积，会导致产生热量的化学反应，如果温度达到了燃烧点，就会自燃。所以，揩过漆和溶剂的抹布、棉纱等，必须放在专用的有水的金属桶内，定期予以清理烧毁。

4. 避免产生明火。涂料施工现场应尽量避免产生明火，如果必须生火、使用喷灯或烙铁等，应在规定的区域内使用。当燃烧物质与明火接触时，应及时用扑盖物罩上，以隔绝空气，消除火患。

5. 避免产生冲击火花。用铁器敲打封闭的金属桶、铁器，穿戴有铁钉的鞋以及使用易产生火花的工具，都容易产生冲击火花。所以，在有挥发性溶剂的涂料施工现场，应尽量避免以上现象出现。

6. 避免产生电气火花。电气设备断开开关时，会产生火花，所以，在有挥发性溶剂的涂料施工现场，应禁止刀开关、配电盘及电动机等装置出现火花。

7. 避免出现静电火花。在施工活动中，不可避免地要发生摩擦，两个良好的绝缘体之间的摩擦是产生静电的主要原因，如倾倒溶剂会产生静电，打磨与抛光设备会产生静电，电动机的传动带与带轮之间的摩擦会产生静电，甚至人们穿的化纤衣服也可能产生静电。在有挥发性溶剂的涂料施工现场，应尽量避免出现静电火星或火花。

**三、涂料施工中的安全措施**

1. 涂料一般应单独或与不燃物质一起存放，严禁与可燃或自燃物质一起储存。挥发性的油料必须存于密闭容器内，有毒物品要指定专人保管。

2. 涂料进库要登记制造厂名、批号、出厂日期，按出厂日期先后安排使用，以免变质失效。库房应有良好的通风，并配置消防器材，悬挂醒目的“严禁烟火”的标志。库房与其他建筑物应保持一定的安全距离，库房内严禁住人。

3. 使用煤油、汽油、松香水、丙酮等易燃物调配油漆或用脱漆剂清除旧漆膜时，不准吸烟，要切断电源，周围不得有易燃物堆积。

4. 沾染油漆或稀释剂的棉纱、破布、纸张等不得随意丢弃，应集中于有盖的金属箱内，或销毁或用碱洗净后再用。

5. 用钢丝刷、板锉、气动或电动工具清除铁锈时，需戴上防护眼镜，涂刷红丹防锈漆及含铅颜料的油漆时，要戴口罩，以防铅中毒。在使用火碱清除旧漆膜时，要戴橡皮手套、防护眼镜，穿防护鞋。

6. 涂刷过氯乙烯漆时，因气味大、有毒，应戴防毒口罩，每隔 1 h 到室外换气一次，并保证工作场地通风良好。

7. 涂刷作业时，如感到头痛、恶心、心闷或心悸，应立即停止作业，到户外换气，并及时就医。

8. 油漆窗子时，严禁站在或骑在窗槛上操作，以防槛断人落。油漆外开窗扇，应系安全带操作。刷封檐板或落水管时应利用外装修脚手架或搭吊架进行。

9. 刷涂坡角大于25°的屋面时，应设置活动板梯、防护栏杆和安全网。

10. 夜间作业时，照明应采取防爆措施。涂刷大面积场地时，室内照明和电气设备必须按照防爆等级规定安装。

11. 施工脚手架支搭完毕后，要经验收合格方可上人操作。室内高度超过 3.6 m 时，应搭设满堂红脚手架或工作台。使用高凳时，要拴牢防滑绳，一块脚手板上只能站一人。

# 模块四　涂饰施工注意事项

涂料要经过涂刷形成涂膜以后才能发挥功能。因此要想充分发挥涂料的性能，得到最终的优质涂膜，从涂饰施工前的涂料选择环节开始，就需要完整、正确地施工以及加强对涂饰施工环境的控制。所以，本模块从涂饰施工前、涂饰施工过程中、涂饰施工环境及温度、不同施工方法等几个方面阐述涂饰施工的注意事项。

## 一、涂料施工前的注意事项

### 1. 涂料的选择与准备

涂料品种繁多，在使用时，必须根据其性能要求，选择一种既符合使用要求又经济的涂料品种。选择涂料的注意事项如下：

（1）涂料的选择。选择涂料时，要根据涂料的性能和对涂膜的要求，根据被涂物件使用时所处的环境、涂料与材质的适应性、涂膜的使用要求（如保护性、装饰性、特殊功能性等）、被涂物件表面的材质性质和结构（由于材质的极性和吸附能力不同），综合分析，合理选择。

（2）了解涂料性能，按规定方法施工。不同系统的涂料，具有其各不相同的性能与使用方法，因此，在施工前应先检验，按规定方法施工。

（3）涂料使用前应充分搅拌均匀。涂料是颜料与树脂液的混合物，从制造到使用，可能有一段时间，难免有颜料的分离与沉淀，因此在使用前应充分搅拌均匀。

2. 涂料产品的配套性

（1）包括涂料和被涂物件表面材质的配套。不同材质的物件应根据其性能和使用要求选择与其相适应的涂料品种。

（2）各涂层间的配套。为了加强涂层之间的结合力，要注意底漆、腻子、封闭底漆、面层漆、清漆的配套性。一般选用同类型成分漆料制成的涂料比较可靠。

（3）涂料和施工方法的配套。涂料和施工方法结合恰当，可以显著提高涂膜的质量。如果施工方法和涂料不配套，即使使用很好的涂料也得不到好的涂膜。

（4）涂料和辅助材料的配套。涂料在使用过程中必须能够与各种辅助材料（如稀释剂、固化剂、催干剂、脱漆剂、抛光剂等）很好地结合。否则，在涂饰过程中就会出现某些质量问题。

3. 涂料的调配及储存

（1）绝大多数涂料在常温时比较稳定，而当气温过高时，涂料的内部成分之间彼此互相反应，黏度增高；另外，一些涂料，如水性漆或乳胶漆等在温度过低时容易受冻。所以涂料不宜储存在温度过高或过低的地方。

（2）由于油漆各成分的密度有差异，在储存时，难免有颜料的沉淀与分离。因此，使用前必须充分搅拌、调和至完全均匀为止，在施工中也应经常搅拌。

## 二、涂饰施工过程中的注意事项

1. 基层表面处理注意事项

表面处理得适当与否，对涂膜的性能与寿命有很大的影响，因此必须完全除去铁锈、油脂、碱性物质等异物，并充分干燥后才能施工。

混凝土或抹灰基层涂刷溶剂型涂料时，含水率不得大于8%；涂刷水性涂料时，基层含水率不得大于10%；木质基层含水率不得大于12%。

2. 嵌、刮、批腻子注意事项

（1）嵌、批腻子要在涂刷底漆后并待其干燥后进行，以免腻子中的漆料被基层吸收过多，影响腻子的附着性，出现脱落现象。

（2）为避免腻子开裂和脱落，要尽量降低腻子的收缩率，一次填涂、刮涂厚度不要超过0.5 mm。

（3）腻子稠度和硬度要适当。

（4）批刮动作要快，特别是对一些快要干的腻子，不宜过多地往返批刮，以免出现卷皮脱落或将腻子中的漆料挤出，封住表面使之不易干燥。

（5）要根据基层、面漆及各种涂料的特点选择相应的腻子和嵌批工具，并注意腻子的配套性，以保持整个涂层物理及化学性能的一致。

（6）熟练掌握嵌批各道腻子的技巧和方法。

（7）涂饰工程所用腻子的黏结强度应符合国家现行标准的有关规定。

（8）注意腻子不能刮得太厚，因为室内空气干燥，失水较快，腻子刮得太厚容易造成空鼓、开裂、墙面不平等现象。

3. 涂底漆时的注意事项

（1）底漆中的颜料含量较多，使用前和使用过程中要注意充分搅匀。

（2）底漆的涂膜厚度应根据底漆的品种来确定，涂漆应均匀、完整，不应有露底或流挂现象。

（3）遵守干燥规范，在加热干燥时要防止烘干过度。在底漆膜上涂刷含有强溶剂的面漆时，底漆膜必须干透，而且用烘干型底漆较好。

（4）应在涂底漆前的表面处理结束后，严格按照规定的时间及时涂底漆。同时要根据底漆品种规定的条件，在底漆膜涂刷后的规定时间范围内涂下一道漆，既不能提前，也不能推后。

（5）一般底漆涂刷后，要经过打磨再涂下一道漆，以改善漆膜粗糙度，使其与下一道漆膜结合得更好。有些无需打磨的底漆，可省去涂底漆后的打磨工序。

（6）一次涂饰至厚度时，很容易产生流挂、起皱等现象。因此要做适当的控制，做多次涂饰施工。

4. 涂中间涂层时的注意事项

（1）中间涂层用的涂料应与底漆和面漆配套，具有良好的附着力和可打磨性。耐久性应与面漆相适应。

（2）做多层涂饰时，如下层漆膜未干透，很容易产生起皱甚至浸润底层涂料而发生剥离现象。因此，应待下层漆干透后才能施涂上一层涂料。

（3）中间涂层干燥后需要经过打磨，然后再涂面漆。

5. 打磨注意事项

（1）打磨必须在基层或涂膜干实后进行，以免磨料进入基层或涂膜内。

（2）水腻子或不易沾水的基层不能湿磨，而含铅涂料必须湿磨。

（3）涂膜坚硬不平或软硬相差较大时，必须选用磨料锋利的磨具打磨。否则，会越磨越不平。

（4）打磨后，应除净表面的灰尘，以利于下道工序的进行。

6. 涂面漆注意事项

（1）涂面漆时应注意精心操作。

（2）面漆应用细筛网或多层纱布仔细过滤。

（3）涂漆场所和干燥场所应干净无尘。

（4）涂面漆后必须经足够的时间，待面漆干透后，被涂物件方可投入使用。

**三、涂饰施工环境及施工温度注意事项**

1. 施工时，如果周围环境灰尘较多，不但会影响涂膜性能，也会损害美观，使涂膜内混有较多的杂质。所以一定要清理周围环境，尽可能保证施工场所清洁干净，防止尘土飞扬。

2. 施工时温度、湿度过高或过低，都会影响涂膜的干燥和质量，因此，应避免在高湿或高寒的条件下强行施工。室外施工时，以在温度不低于 5℃、相对湿度不大于 85%的条件下为适宜。气温降至 5℃以下时，会极大地减低油漆的干燥性能，同时，湿度在 85%以上时，会产生云雾、减光，甚至影响附着性，因此应避免在这种情况下施工。室内施工，现场环境温度宜在5～35℃。温度低于 15℃时，应停止刮墙衬或耐水腻子施工；低于 5℃时，应停止水泥砂浆找平抹灰；低于 8℃时，停止油漆涂刷施工。

3. 应选择在气候状况良好的条件下施工。表面潮湿时，绝对不可涂漆，下雨或有雾，甚至表面凝结有露滴时，亦应停止施工。

4. 油漆都有一定的毒性，对呼吸道有较强的刺激作用，施工中一定要注意做好通风，以防发生中毒事件。

5. 施工时，要做好安全防护措施，例如，喷涂操作时，应戴好口罩；使用天那水等具有一定腐蚀性的漆种时，要戴好胶质手套。

6. 不要在施工现场抽烟或者使用明火，以防发生火灾或爆炸。同时要有较好的防火措施。

7. 施工场所应明亮，通风好。

8. 避免在太阳直射下施工。气温增高对油漆的干燥有一定帮助，但太阳直射，特别是夏天的太阳直射，很容易使涂膜产生气泡，因此要避免在太阳直射下涂刷。

9. 大风天气施工容易使沙粒落在未干燥的涂膜表面，对涂膜的成形造成影响。

10. 冬季施工，低温将影响涂料成膜和干燥。当涂料涂饰到家具表面形成涂膜时，涂膜中的树脂将发生交联反应，而低温则使分子活动能量减弱，减缓交联反应速度；另外，涂膜中的溶剂挥发也需要一定的能量，而低温会也使溶剂挥发缓慢。

11. 对硝基漆，在冬季要注意对空气湿度的控制。湿度是影响硝基漆施工的重要因素，因为空气中的水分将会抑制漆膜中溶剂的挥发，此外，溶剂的挥发会带走漆膜的热量，从而使漆膜表面温度下降，很容易造成空气中的水汽冷凝在漆膜上而使漆膜泛白。

12. 冬季施工应掌握通风时间。由于天气原因，冬天一般都在门窗封闭的情况下作业，因此，要经常通风。但是冬季室外温度低，会令乳胶漆变质，附着力变差，甚至粉化；涂饰后没干透的乳胶漆墙面容易被冻，在开春后墙面易变色。通风换气是必要的，但是乳胶漆在5℃以下就会变质，所以开窗通风时间最好选在上午10点至下午4点之间。这一段时间温度相对高些，可以防止新刷的腻子冻结。

**四、施工方法注意事项**

刷涂、刮涂、擦涂、辊涂和空气喷涂施工注意事项在第三单元中有详细说明，在此不再赘述。

**五、其他施工注意事项**

1. 清理工具。涂漆工具使用后应予以清洗，特别是对于快干性的油漆更需立刻洗净。使用普通油漆，第二天仍要继续施工时，其漆刷或辊筒可浸于盛水的漆罐中，但需注意，勿使刷毛弯曲。在使用喷涂工具时，喷涂完毕后需要使用油漆的相应稀释剂清洗，并需注意将喷嘴洗净。

2. 角铁、螺钉等连接处应做加涂工作。角铁连接处、焊接或安装有螺钉的部位，因不容易完整地施工，应做加涂工作来弥补，并注意避免漏涂、涂刷不均。

3. 注意稀释剂用量，不得任意加催干剂。涂料如果黏度太高不适合施工时，需要加稀释剂，但要注意其调配量，不得影响遮盖力与涂膜厚度。一般情形以稀释剂用量不超过涂料用量的5%为原则。催干剂虽然可促进涂料干燥，但过量的催干剂容易导致表干里不干的现象，同时，干燥后会留在涂膜中，将继续促进涂膜的老化。

4. 某些涂料在开罐后，表面迅速结皮，这种现象在快干型涂料中更为显著。对于已形成的结皮，在施工前必须除去，喷涂施工时更需特别注意，以免堵塞喷枪喷嘴。

5. 涂饰完毕后，可以在各个房间放一盆清水，增加室内湿度，防止墙面、顶面、家具等干燥太快出现裂缝。

6. 冬季施工时，通风程度不如其他季节，室内残留的对人体有害的气体较多。对于新装修的房子，消费者不要急于入住，要适当延长入住时间，建议养绿色植物，让花草和清水吸收部分有害气体，同时保持良好的通风。

## 习　题

1. 涂膜表面容易出现哪些缺陷？如何预防？如何进行涂膜修整？

2. 涂膜修复与更新的方法有哪些？

3. 对人体有害的涂料包括哪些？应如何预防？

4. 为做到涂饰的安全性，施工时应如何消除火灾隐患？

5. 涂料施工时的安全措施包括哪些内容？

6. 举例说明涂料施工时应注意的事项。

# 附录

## 油漆施工质量评定标准

油漆施工质量评定标准可根据中华人民共和国行业标准 JGJ/T 29—2003《建筑涂饰工程施工及验收规程》实行。现将《建筑涂饰工程施工及验收规程》摘录如下：

**1. 总则**

1.0.1 为确保建筑涂饰工程施工及验收的质量，制定本规程。

1.0.2 本规程适用于在水泥砂浆抹灰基层、混合砂浆抹灰基层、混凝土基层、石膏板基层、装饰砂浆基层、黏土砖基层和旧涂层等基层上的涂饰工程施工及验收。

1.0.3 建筑涂饰工程的施工及验收，除应符合本规程外，尚应符合国家现行有关强制性标准的规定。

**2. 术语**

2.0.1 建筑涂饰 building surface decoration

用涂饰材料对建筑物进行装饰和保护的工序。

2.0.2 基层 substrate

涂饰对象的表层，如混凝土、水泥砂浆、混合砂浆、石膏板、黏土砖等材料。

2.0.3 底涂层 priming-coat

在基层上涂饰第一道涂料形成的涂层。

2.0.4 面涂层 finishing-coat

涂饰工程最后一道涂层。

2.0.5 中涂层 intermidiate-coat

介于面涂层和底涂层之间的涂层。

2.0.6 使用寿命 service-life

涂饰材料在满足装饰和保护建筑物要求的前提下所能达到的使用年限。

## 3. 基本规定

3.0.1 根据使用的涂饰材料和建筑物的特点，对建筑物的涂饰面应做必要的设计及建筑技术处理。

3.0.2 涂饰施工温度，应遵守产品说明书要求的温度范围；施工时空气相对湿度宜小于 85%；当遇大雾大风下雨时应停止户外工程施工。

## 4. 基层

4.0.1 基层质量应符合下列要求：

（1）基层应牢固、不开裂、不掉粉、不起砂、不空鼓、无剥离、无石灰爆裂点和无附着力不良的旧涂层等。

（2）基层应表面平整，立面垂直，阴阳角垂直、方正和无缺棱掉角，分格缝深浅一致且横平竖直。允许偏差应符合表 4.0.1 的要求且表面应平而不光。

表 4.0.1 抹灰质量的允许偏差 mm

| 平整内容 | 普通级 | 中级 | 高级 |
|---|---|---|---|
| 表面平整 | ≤5 | ≤4 | ≤2 |
| 阴阳角垂直 | — | ≤4 | ≤2 |
| 阴阳角方正 | — | ≤4 | ≤2 |
| 立面垂直 | — | ≤5 | ≤3 |
| 分格缝深浅一致和横平竖直 | — | ≤3 | ≤1 |

（3）基层应清洁，表面无灰尘、无浮浆、无油迹、无锈斑、无霉点、无盐类析出物和无青苔等杂物。

（4）基层应干燥，涂刷溶剂型涂料时，基层含水率不得大于 8%；涂刷乳液型涂料时，基层含水率不得大于 10%。

（5）基层的 pH 值不得大于 10。

4.0.2 涂饰前应对基层进行验收，合格后方可进行涂饰施工。

5. 材料

5.0.1　本规程适用的涂饰材料系指合成树脂乳液内墙涂料、合成树脂乳液外墙涂料、合成树脂乳液砂壁状建筑涂料、溶剂型外墙涂料、复层建筑涂料、外墙无机建筑涂料。

5.0.2　合成树脂乳液内墙涂料的主要技术指标应符合现行国家标准《合成树脂乳液内墙涂料》GB/T 9756 的规定和《室内装饰装修材料内墙涂料中有害物质限量》GB 18582 以及《民用建筑工程室内环境污染控制规范》GB 50325 的环保要求。

5.0.3　合成树脂乳液外墙涂料的主要技术指标应符合现行国家标准《合成树脂乳液外墙涂料》GB/T 9755 的规定。

5.0.4　合成树脂乳液砂壁状建筑涂料的主要技术指标应符合现行行业标准《合成树脂乳液砂壁状建筑涂料》JG/T 24 的规定。

5.0.5　溶剂型外墙涂料的主要技术指标应符合现行国家标准《溶剂型外墙涂料》GB/T 9757 的规定。

5.0.6　复层建筑涂料的主要技术指标应符合现行国家标准《复层建筑涂料》GB 9779 的规定。

5.0.7　外墙无机建筑涂料的主要技术指标应符合现行行业标准《外墙无机建筑涂料》JG/T 26 的规定。

5.0.8　建筑涂饰所用的涂料和半成品包括涂饰现场配制的材料，均应有产品名称、执行标准、种类、颜色、生产日期、保质期、生产企业地址、使用说明和产品合格证，并具有生产企业的质量保证书，且必须经施工单位验收合格后方可使用，外墙涂料使用寿命不得少于 5 年。

5.0.9　建筑涂饰中配套使用的腻子和封底材料必须与选用饰面涂料性能相适应，内墙腻子的主要技术指标应符合现行行业标准《建筑室内用腻子》JG/T 3049 的规定，外墙腻子的强度应符合现行国家标准《复层建筑涂料》GB 9779 的规定，且不易开裂。

6. **施工准备**

6.0.1 施工单位应根据设计选定式样、色彩、光泽、材料种类、涂饰遍数、单位用量以及涂饰等级，同时应根据建筑工程情况、涂饰要求、基层条件、施工平台及涂装机械等编制涂饰工程施工方案。

6.0.2 涂饰作业平台应符合下列要求：

(1) 涂饰作业用的施工平台应符合现行行业标准《建筑施工高处作业安全技术规范》JGJ 80 的规定。

(2) 施工面与施工平台间的距离，应充分考虑涂料的种类、式样，便于操作。

6.0.3 施工单位对涂饰材料的备料和存放应符合下列要求：

(1) 选定的涂饰材料应是已通过法定质检机构检验并出具有效质检报告的合格产品。

(2) 应根据选定的品种、工艺要求，结合实际面积及材料单耗和损耗，确定备料量。

(3) 应根据设计选定的颜色，以色卡定货。超越色卡范围时，应由设计者提供颜色样板，并取得建设方认可，不得任意更改或代替。

(4) 涂饰材料运进现场后，应由有关工程管理人员根据本规程 5.0.8 条的规定进行复验，合格后备用。

(5) 涂饰材料应存放在指定的专用库房内。溶剂型涂饰材料存放地点必须防火，并应满足国家有关的消防要求。材料应存放于阴凉干燥且通风的环境内，其贮存温度应介于 5～40℃之间。

(6) 工程所用涂饰材料应按品种、批号、颜色分别堆放。

(7) 大面积施工前应由施工人员按工序要求做好“样板”或“样板间”，并保留到竣工。

6.0.4 涂饰施工前应有选择地准备下列涂饰机具和工具：

(1) 涂刷、排笔、盛料桶、天平、磅秤等刷涂及计量工具。

(2) 羊毛辊筒、海绵辊筒、配套专用辊筒及匀料板等辊涂工具。

(3) 塑料辊筒、铁制压板滚压工具。

(4) 无气喷涂设备、空气压缩机、手持喷枪、喷斗、各种规格口径的喷嘴、高压胶管等喷涂机具。

(5) 对空气压缩机、毛辊、涂刷等应按涂饰材料种类、式样、涂饰部件等选择适用的型号。

7. **施工**

7.0.1 涂饰工程应按“底涂层、中间涂层、面涂层”的要求进行施工，后一遍涂饰材料的施工必须在前一遍涂饰材料表面干燥后进行；涂饰溶剂型涂料时，后一遍涂料必须在前一遍涂料实干后进行。每一遍涂饰材料应涂饰均匀，各层涂饰材料必须结合牢固，对有特殊要求的工程可增加面涂层次数。

7.0.2 涂饰材料使用前应满足下列要求：

(1) 在整个施工过程中，涂饰材料的施工黏度应根据施工方法、施工季节、温度、湿度等条件严格控制，应有专人按说明书负责调配，不得随意加稀释剂或水。

(2) 双组分涂饰材料的施工，应严格按产品说明书规定的比例配制，根据实际使用量分批混合，并按说明书要求静置一段时间，并在规定的时间内用完。

(3) 外墙涂饰，同一墙面同一颜色应用相同批号的涂饰材料。当同一颜色批号不同时，应预先混匀，以保证同一墙面不产生色差。

7.0.3 配料及操作地点的环境条件应符合下列要求：

(1) 配料及操作地点应经常清理保持整洁，保持良好的通风条件。

(2) 使用可燃性溶剂时严禁明火。

7.0.4 未用完的涂饰材料应密封保存，不得泄漏或溢出。

7.0.5　施工过程中应采取措施防止对周围环境的污染。

7.0.6　采用传统的施工辊筒和毛刷进行涂饰时，每次蘸料后宜在匀料板上来回滚匀或在桶边舔料。涂饰时涂膜不应过厚或过薄，应充分盖底，不透虚影，表面均匀。采用喷涂时应控制涂料黏度和喷枪的压力，保持涂层厚薄均匀，不露底、不流坠、色泽均匀，确保涂层的厚度。

7.0.7　对于干燥较快的涂饰材料，大面积涂饰时，应由多人配合操作，流水作业，顺同一方向涂饰，应处理好接茬部位。

7.0.8　外墙涂饰施工应由建筑物自上而下进行；材料的涂饰施工分段应以墙面分格缝、墙面阴阳角或落水管为分界线。

7.0.9　施工时的养护应符合下列规定：

（1）室外饰面在涂饰前为避免风雨及烈日应作适当的遮盖保护。

（2）冬期与夏期的涂饰施工应按本规程 3.0.2 条进行。

7.0.10　合成树脂乳液内墙涂料的施工工序应符合表 7.0.10 的规定。

7.0.11　合成树脂乳液外墙涂料、溶剂型外墙涂料、外墙无机建筑涂料施工工序应符合表 7.0.11 的规定。

7.0.12　合成树脂乳液砂壁状建筑涂料的施工工序应符合表 7.0.12 的规定。

7.0.13　复层涂料的施工工序应符合表 7.0.13 的规定。

7.0.14　旧墙面需重新复涂涂饰材料时，应视不同基层进行不同处理。旧涂层墙面应清除粉化的涂层，并铲除疏松起壳部分；用钢丝刷除去残留的涂膜后，将墙面清洗干净再作修补，并应待干燥后按选定的涂饰材料施工工序施工。

7.0.15　施工后应根据产品特点或双方事先约定，采取必要的成品保护措施。

7.0.16　对被污染的部位，应在涂饰材料未干时及时清除。

表 7.0.10 合成树脂乳液内墙涂料的施工工序

| 工序名称 | 次序 |
| --- | --- |
| 清理基层 | 1 |
| 填补缝隙、局部刮腻子 | 2 |
| 磨平 | 3 |
| 第一遍满刮腻子 | 4 |
| 磨平 | 5 |
| 第二遍满刮腻子 | 6 |
| 磨平 | 7 |
| 涂饰底层涂料 | 8 |
| 复补腻子 | 9 |
| 磨平 | 10 |
| 局部涂饰底层涂料 | 11 |
| 第一遍面层涂料 | 12 |
| 第二遍面层涂料 | 13 |

注：对石膏板内墙、顶棚表面除板缝处理外，与合成树脂乳液型内墙涂料的施工工序相同。

表 7.0.11 合成树脂乳液外墙涂料、溶剂型涂料、无机建筑涂料的施工工序

| 工序名称 | 次序 |
| --- | --- |
| 清理基层 | 1 |
| 填补缝隙、局部刮腻子，磨平 | 2 |
| 涂饰底层涂料 | 3 |
| 第一遍面层涂料 | 4 |
| 第二遍面层涂料 | 5 |

表 7.0.12　合成树脂乳液砂壁状建筑涂料的施工工序

| 工序名称 | 次序 |
| --- | --- |
| 清理基层 | 1 |
| 填补缝隙、局部刮腻子，磨平 | 2 |
| 涂饰底层涂料 | 3 |
| 根据设计进行分格 | 4 |
| 喷涂主层涂料 | 5 |
| 涂饰第一遍面层涂料 | 6 |
| 涂饰第二遍面层涂料 | 7 |

注：1. 大墙面喷涂施工宜按 1.5 $m^2$ 左右分格，然后逐格喷涂。

2. 底层涂料可用辊涂、刷涂或喷涂工艺进行。喷涂主层材料时应按装饰设计要求，通过试喷确定涂料黏度、喷嘴口径、空气压力及喷涂管尺寸。

3. 主层涂料喷涂和套色喷涂时操作人员宜以二人一组，施工时一人操作喷涂，一人在相应位置配合，确保喷涂均匀。

表 7.0.13　复层建筑涂料的施工工序

| 工序名称 | 次序 |
| --- | --- |
| 清理基层 | 1 |
| 填补缝隙、局部刮腻子，磨平 | 2 |
| 涂饰底层涂料 | 3 |
| 涂饰中间层涂料 | 4 |
| （滚压） | 5 |
| 第一遍面层涂料 | 6 |
| 第二遍面层涂料 | 7 |

注：1. 底涂层涂料可用辊涂或喷涂工艺进行。喷涂中间层涂料时，应控制涂料的黏度，并根据凹凸程度不同要求选用喷枪嘴口径及喷枪工作压力，喷射距离宜控制在 40～60 cm，喷枪运行中喷嘴中心应垂直于墙面，喷枪应沿被涂墙面平行移动，运行速度保持一致，连续作业。

2. 压平型的中间层，应在中间层涂料喷涂表干后，用塑料辊筒将隆起的部分表面压平。

3. 水泥系的中间涂层，应采取遮盖养护，必要时浇水养护。干燥后，采用抗碱封底涂饰材料，再涂饰罩面层涂料两遍。

7.0.17 施工工具使用完毕应及时清洗或浸泡在相应的溶剂中。

8. **验收**

8.0.1 涂饰工程应待涂层养护期满后进行质量验收。验收时应检查下列资料：

(1) 涂饰工程的施工图、设计说明及其他设计文件。

(2) 涂饰工程所用材料的产品合格证书、性能检测报告及进场验收记录。

(3) 基体（或基层）的检验记录。

(4) 施工自检记录及施工过程记录。

8.0.2 涂饰工程的检验批应按下列规定划分：

(1) 室外涂饰工程每一栋楼的同类涂料涂饰的墙面每 1 000 $m^2$ 划分为一个检验批，不足 1 000 $m^2$ 也划分为一个检验批。

(2) 室内涂饰工程每 50 间同类涂料涂饰的墙面划分为一个检验批，不足 50 间也划分为一个检验批。

8.0.3 涂饰工程每个检验批的检查数量应符合下列规定：

(1) 室外每 100 $m^2$ 应检查一处（每处 10 $m^2$）。

(2) 室内按有代表性的自然间（大面积房间和走廊按 10 延长米为一间）抽查 10%，但不应少于 5 间。

8.0.4 合成树脂乳液内墙涂饰材料的涂饰工程的质量，应符合表 8.0.4 的规定。

**表 8.0.4 合成树脂乳液内墙涂料的涂饰工程的质量要求**

| 项次 | 项目 | 普通级涂饰工程 | 中级涂饰工程 | 高级涂饰工程 |
|---|---|---|---|---|
| 1 | 掉粉、起皮 | 不允许 | 不允许 | 不允许 |
| 2 | 漏刷、透底 | 不允许 | 不允许 | 不允许 |
| 3 | 泛碱、咬色 | 不允许 | 不允许 | 不允许 |
| 4 | 流坠、疙瘩 | 允许少量 | 允许少量 | 不允许 |
| 5 | 光泽和质感 | 光泽较均匀 | 手感较细腻，光泽较均匀 | 手感细腻，光泽均匀 |

续表

| 项次 | 项目 | 普通级涂饰工程 | 中级涂饰工程 | 高级涂饰工程 |
| --- | --- | --- | --- | --- |
| 6 | 颜色、刷纹 | 颜色一致 | 颜色一致 | 颜色一致，无刷纹 |
| 7 | 分色线平直（拉5 m线检查，不足5 m拉通线检查） | 偏差不大于3 mm | 偏差不大于2 mm | 偏差不大于1 mm |
| 8 | 门窗、灯具等 | 洁净 | 洁净 | 洁净 |

8.0.5 溶剂型外墙涂料涂饰工程的质量，应符合表8.0.5的规定。

**表8.0.5 溶剂型外墙涂料涂饰工程的质量要求**

| 项次 | 项目 | 普通涂饰工程 | 中级涂饰工程 | 高级涂饰工程 |
| --- | --- | --- | --- | --- |
| 1 | 脱皮、漏刷、反锈 | 不允许 | 不允许 | 不允许 |
| 2 | 咬色、流坠、起皮 | 明显处不允许 | 明显处不允许 | 不允许 |
| 3 | 光泽 | — | 光泽较均匀 | 光泽均匀一致 |
| 4 | 疙瘩 | — | 允许少量 | 不允许 |
| 5 | 分色、裹棱 | 明显处不允许 | 明显处不允许 | 不允许 |
| 6 | 开裂 | 不允许 | 不允许 | 不允许 |
| 7 | 针孔、砂眼 | — | 允许少量 | 不允许 |
| 8 | 装饰线、分色线平直（拉5 m线检查，不足5 m拉通线检查） | 偏差不大于5 mm | 偏差不大于3 mm | 偏差不大于1 mm |
| 9 | 颜色、刷纹 | 颜色一致 | 颜色一致 | 颜色一致，无刷纹 |
| 10 | 五金、玻璃等 | 洁净 | 洁净 | 洁净 |

注：开裂是指涂料开裂，不包括因结构开裂引起的涂料开裂。

8.0.6　合成树脂乳液砂壁状涂料涂饰工程的质量，应符合表 8.0.6 的各项规定。

**表 8.0.6　合成树脂乳液砂壁状涂料涂饰工程的质量要求**

| 项次 | 项目 | 合成树脂乳液砂壁状涂料涂饰工程 |
|---|---|---|
| 1 | 漏涂、透底 | 不允许 |
| 2 | 反锈、掉粉、起皮 | 不允许 |
| 3 | 反白 | 不允许 |
| 4 | 五金、玻璃等 | 洁净 |

8.0.7　合成树脂乳液外墙涂料、无机外墙涂料涂饰工程的质量，应符合表 8.0.7 规定。

**表 8.0.7　合成树脂乳液外墙涂料、无机外墙涂料涂饰工程的质量要求**

| 项次 | 项目 | 普通级涂饰工程 | 中级涂饰工程 | 高级涂饰工程 |
|---|---|---|---|---|
| 1 | 反锈、掉粉、起皮 | 不允许 | 不允许 | 不允许 |
| 2 | 漏刷、透底 | 不允许 | 不允许 | 不允许 |
| 3 | 泛碱、咬色 | 不允许 | 不允许 | 不允许 |
| 4 | 流坠、疙瘩 | — | 允许少量 | 不允许 |
| 5 | 颜色、刷纹 | 颜色一致 | 颜色一致 | 颜色一致，无刷纹 |
| 6 | 光泽 | — | 较一致 | 均匀一致 |
| 7 | 开裂 | 不允许 | 不允许 | 不允许 |
| 8 | 针孔、砂眼 | — | 允许少量 | 不允许 |
| 9 | 分色线平直（拉 5 m 线检查、不足 5 m 拉通线检查） | 偏差不大于 5 mm | 偏差不大于 3 mm | 偏差不大于 1 mm |
| 10 | 五金、玻璃等 | 洁净 | 洁净 | 洁净 |

8.0.8 复层建筑涂料涂饰工程的质量，应符合表8.0.8规定。

表8.0.8 复层建筑涂料涂饰工程的质量要求

| 项次 | 项目 | 水泥系复层涂料 | 硅溶胶类复层涂料 | 合成树脂乳液类复层涂料 | 反应固化型复层涂料 |
|---|---|---|---|---|---|
| 1 | 漏涂 | 不允许 | 不允许 | | |
| 2 | 反锈、掉粉、起皮 | 不允许 | 不允许 | | |
| 3 | 泛碱、咬色 | 不允许 | 不允许 | | |
| 4 | 喷点疏密程度、厚度 | 疏密均匀，厚度一致 | 疏密均匀，不允许有连片现象，厚度一致 | | |
| 5 | 针孔、砂眼 | 允许轻微少量 | 允许轻微少量 | | |
| 6 | 光泽 | 均匀 | 均匀 | | |
| 7 | 开裂 | 不允许 | 不允许 | | |
| 8 | 颜色 | 颜色一致 | 颜色一致 | | |
| 9 | 五金、玻璃等 | 洁净 | 洁净 | | |

注：开裂是指涂料开裂，不包括因结构开裂引起的涂料开裂。

本规程用词说明

1. 为便于在执行本规程条文时区别对待，对要求严格程度不同的用词说明如下：

(1) 表示很严格，非这样做不可的：正面词采用“必须”，反面词采用“严禁”。

(2) 表示严格，在正常情况下均应这样做的：正面词采用“应”，反面词采用“不应”或“不得”。

(3) 表示允许稍有选择，在条件许可时首先应这样做的：正面词采用“宜”，反面词采用“不宜”。表示有选择，在一定条件下可以这样做的：采用“可”。

2. 规程中指明应按其他有关标准执行时，写法为：“应符合……的规定（或要求）”或“应按……执行”。